Ausbreitung und Absorption elektromagnetischer Wellen in der Atmosphäre

von

Gora T. Diagne

Tectum Verlag
Marburg 2002

Die Deutsche Bibliothek - CIP-Einheitsaufnahme

Diagne, Gora T.:
Ausbreitung und Absorption elektromagnetischer Wellen in der Atmosphäre
/ von Gora T. Diagne
- Marburg : Tectum Verlag, 2002
ISBN 3-8288-8364-8

Tectum Verlag
Marburg 2002

Inhaltsverzeichnis

4

Zusammenfassung

In diesem Buch soll besprochen werden, wie eine über die Erde befindliche Antenne an die Atmosphäre Wellen sendet und was mit der von der Sonne kommenden Strahlung geschieht, wenn sie in die Gashülle der Erde eindringt und auf die darin befindlichen Luftteilchen, Wassertröpfchen und Verunreinigungen trifft.

Die drei wichtigsten Vorgänge, die sich dabei abspielen, sind

- Absorption
- Streuung
- Reflexion

Wir werden uns hier nur mit der Absorption beschäftigen. Unter Absorption versteht man einen Vorgang, bei dem die auf ein Medium (z.B. Gas) einfallende Strahlung von diesem zurückgehalten (geschwächt) und in andere Energieformen (z.B. Wärme) umgewandelt wird.

Wir untersuchen die Absorption des Lichtes: die Verminderung der Energie einer Lichtwelle bei deren Ausbreitung in einem Stoff. Als Folgeerscheinungen können auftreten:

- die Erwärmung des Stoffes
- die Ionisation der Atome oder Moleküle
- photochemische Reaktionen.

In der Atmosphäre findet eine selektive Absorption hauptsächlich durch Wasserdampf (etwa bei 5 bis 8 µm und über 20 µm), durch Kohlendioxid (etwa bei 2,7, bei 4,3 und 15 µm) und durch Ozon (unterhalb von 0,3 µm) statt.

Die Zunahme von Spurengasen und Aerosolen kann den Strahlungshaushalt der Atmosphäre verändern (Methan, Disktickstoffoxid u.ä.) und vielleicht langfristig die thermische Struktur der Atmosphäre beeinflussen.

1. Einführung

Die wichtigste Quelle elektromagnetischer Strahlung stellt die Sonne dar. Sie sendet praktisch Wellen aller Frequenzen aus, wenn auch nicht mit gleicher Intensität. Ein großer Teil der Sonnenstrahlung wird durch die Atmosphäre abgeschwächt, so daß nur ein Teil der ausgestrahlten Energie die Erdoberfläche erreicht. Dies ist hauptsächlich der Bereich des sichtbaren Lichts. Aber nicht nur die Sonne ist eine Quelle elektromagnetischer Strahlung; jeder Körper, der Temperaturen über dem absoluten Nullpunkt (OK = -273°C) aufweist, strahlt elektromagnetische Energie aus, wenn auch ganz anderer Größenordnung und Zusammensetzung als die Sonnenstrahlung.

Die Strahlungsenergie eines Körpers hängt hauptsächlich von seiner Temperatur ab. Die Sonne hat eine absolute Temperatur von ca. 6000 K und ihre maximale Strahlungsenergie im Bereich des sichtbaren Lichts. Jeder Körper besitzt je nach Temperatur eine bestimmte Strahlungsenergie und eine charakteristische dominante Wellenlänge.

Zur Beschreibung von Wellenbewegungen in der Atmosphäre wollen wir der Einfachheit halber ein reibungsfreies Medium annehmen. Wellen haben physikalische Eigenschaften. Sie transportieren z.B. Energie und sind daher sowohl für den horizontalen, als auch für den vertikalen Austausch von Energie in der Atmosphäre verantwortlich.

Sowohl der horizontale als auch der vertikale Energietransport, infolge von Wellen, spielt zur Aufrechterhaltung der globalen Zirkulation in der Troposphäre und Stratosphäre eine große Rolle.

Wichtige Konstanten

Größe	Formelzeichen	Wert
Lichtgeschwindigkeit im Vakuum	c	3.10^8 ms^{-1}
Planck' sche Konstante	h	$6{,}626 \cdot 10^{-34} \text{ J.s}$
reduzierte Planck' sche Konstante	$\hbar = \dfrac{h}{2\pi}$	$1 \cdot 10^{-34} \text{ J.s}$
Gravitationskonstante	G	$6.670 \cdot 10^{-11} \text{m}^3\text{kg}^{-1}\text{s}^{-2}$
Bolzmann' sche Konstante	K	$1{,}38 \; 10^{-23} \text{ J K}^{-1}$
Ruhemasse des Elektrons	m_e	$9{,}11 \cdot 10^{-31} \text{ kg}$
Ruhemasse des Protons	m_p	$1{,}672 \cdot 10^{-27} \text{ kg}$
Ruheenergie des Elektrons	$m_e c^2$	$0{,}511 \cdot 10^6 \text{eV}$
Ruheenergie des Protons	$m_p c^2$	$0{,}937 \cdot 10^9 \text{eV}$
Avogadro' sche Zahl	N_A	$6.022 \cdot 10^{23} \text{ mol}^{-1}$
Molvolumen bei Normalbedingungen	V_O	$22{,}4 \cdot 10^{-3} \text{ m}^3 \text{ mol}^{-1}$
Normalbedingungen	P_O, V_O, T_O	
	P_O	$1013{,}25 \text{ hPa}$
	V_O	$22.415 \text{ cm}^3 \text{ Mol}^{-1}$
	T_O	$273{,}15 \text{ K}$
	ρ	$1{,}2923 \text{ gcm}^{-3} \text{ mol}^{-1}$
Trockene Luft		
Mittlere molare Masse	M	$28{,}9644 \text{ kg . kmol}^{-1}$
Gaskonstante	R	$287{,}04 \quad \text{J .kg}^{-1}.\text{k}^{-1}$
Spezifische Wärme bei 273 K		
bei konstantem Druck	c_p	$1004 \text{ J.kg}^{-1}.\text{K}^{-1}$
bei konstantem Volumen	c_v	$714 \quad \text{J.kg}^{-1}.\text{K}^{-1}$

2. Die Atmosphäre

2.1 Die Zusammensetzung der Atmosphäre

Die atmosphärische Luft ist ein Gasgemisch, dessen Zusammensetzung sich bis in eine Höhe von etwa 100 km nicht ändert.
Die Hauptbestandteile trockener Luft sind:
Stickstoff, Sauerstoff, Argon, Kohlendioxid (siehe Tabelle).

Gas	Chem. Formel	Volumenanteil	Massenanteil	Molargewicht
Stickstoff	N_2	0,7808	0,7552	28,016
Sauerstoff	O_2	0,2095	0,2315	32,000
Argon	A	0,0093	0,0128	39,944
Kohlendioxid	CO_2	0,0003	0,0005	44,010
trockene Luft		1,0000	1,0000	28,966
Neon	Ne	1810^{-4} Volumen		20,183
Helium	He	5		4,003
Methan	CH_4	2,0		16,03
Krypton	Kr	1,1		83,8
Xenon	Xe	0,09		131,30
Wasserstoff	H_2	0,5		2,016
Stickoxyduhl	N_2O	0,5		44,016
Ozon	O_3	0,03 – 10		48,0
Radon	R_n	$6 \cdot 10^{-14}$		222

Außerdem in Spuren SO_2, NO_2, NH_3, CO, I_2, H_2O

Tab. 1   Zusammensetzung der Luft

Stickstoff und Sauerstoff stellen mit 99,04% den Hauptbestandteil der Luft dar und sind die für den Ablauf der Lebensprozesse auf der Erde wichtigsten Gase. Das Kohlendioxid, das zwar nur als Spurenstoff in der atmosphärischen Luft vorkommt, ist für die biologischen Prozesse von größter Bedeutung und bildet außerdem zusammen mit dem Wasserdampf den Wärmeschutz der Erde.

Da die Luft praktisch nie absolut trocken ist, enthält sie noch Wasserdampf in zeitlich und räumlich stark schwankenden Anteilen von 0 bis 4 Volumenprozent. Wasserdampf ist in der Atmosphäre nur in den untersten Schichten bis etwa 20 km Höhe vorhanden, da die Aufnahmefähigkeit der Luft für Wasserdampf von der Temperatur abhängt, die mit der Höhe rasch abnimmt.

Wasserdampf kann in allen drei Aggregatzuständen (als Wasserdampf, Wasser und Eis) in der Atmosphäre auftreten.
Die Zusammensetzung der Luft kann, abgesehen von Schwankungen des Kohlendioxids in Bodennähe und des Wasserdampfs bis zu 20 km, infolge dauernder Bewegung und Durchmischung bis in Höhe von rund 100 km als nahezu konstant betrachtet werden.

Darüber setzen dann die Vorgänge der Dissoziation und Ionisation der atmosphärischen Gase durch die Sonnenstrahlung ein.
Von besonderer Bedeutung ist außerdem das Ozon; es absorbiert den langwelligen Anteil der Ultraviolettstrahlung der Sonne. Diese Absorption bewirkt in rund 50 km Höhe, der Obergrenze der Ozonschicht, ein Temperaturmaximum in der Atmosphäre.

- Oberhalb von etwa 120 km Höhe überwiegt nach neueren Untersuchungen die Diffusion in der Atmosphäre, d.h. die schweren Gase Sauerstoff und Stickstoff lagern sich in geringerer Höhe, die leichteren Gase Helium und Wasserstoff in größerer Höhe ab.
- Die Heliumschicht (Schicht, in der He überwiegt) beginnt wahrscheinlich in 600 bis 1200 km Höhe.
- Die Wasserstoffschicht (Schicht mit überwiegendem H) beginnt wahrscheinlich auch in 1000 bis 2000 km Höhe.

Außer den nahezu konstanten gasförmigen Bestandteilen enthält die Luft der unteren Atmosphärenschichten neben dem Wasserdampf zeitlich und örtlich variierende Beimengungen von verschiedenster Art als gasförmige, flüssige und feste Verunreinigungen:
Verbrennungsprodukte, Staub, Salzkristalle, Bakterien ...

Über Großstädten und Industriegebieten sind diese Beimengungen besonders zahlreich; sie treten wegen ihres relativ großen Gewichts nur in den bodennächsten Luftschichten auf.

Die industriellen Abgase (besonders SO_2) sind ein ernstes Problem, dessen sich die praktische Luftchemie annimmt. Helium ist sehr gleichmäßig mit der Luft durchmischt. Methan (CH_4) und Stickoxyduhl (N_2O) sind in der Atmosphäre erst durch ihre Infrarot-Absorptionsbanden in der Sonnenstrahlung entdeckt worden.

Das Ozon entsteht in Höhen oberhalb 20 km durch photochemische Prozesse. Ultraviolettes Sonnenlicht im Spektralbereich (λ < 2400 Å) läßt den Sauerstoff O_2 zu zwei O-Atomen dissoziieren. Ein so entstandenes O-Atom verbindet sich mit einem Sauerstoffmolekül zu dem dreiatomigen Sauerstoff-Ozon. Langwelliges UV (λ < 3000 Å) wird aber vom O_3 sehr stark absorbiert, das dabei seinerseits wieder durch Dissoziation zerlegt wird.

Es stellt sich ein photochemisches Gleichgewicht ein, bei dem allerdings auch noch andere Gase durch rein chemische Prozesse beteiligt sind. In die Schichten unterhalb 30 km gelangt das Ozon nur durch turbulente Bewegungen der Luft. Dadurch kommt es, daß ein Maximum der Ozonkonzentration in den Höhen von 20 bis 30 km und ein erheblich geringerer Betrag in den bodennahen Luftschichten auftritt.

Die Atmosphäre empfängt Energie in Form von Strahlung von der Sonne: Die Sonne emittiert Elektronen, Photonen, Protonen, Radiostrahlung usw.

2.2 Der vertikaler Aufbau der Atmosphäre

Die Lufthülle der Erde ist zu einem Riesenlaboratorium des Menschen geworden. Viele neue Erkenntnisse sind in den letzten Jahren mit Hilfe von Sonden und Satelliten über das Geschehen in der Erdatmosphäre gewonnen worden.

Die Unterschiede im vertikalen Aufbau der Lufthülle der Erde führen zu einer Gliederung in verschiedene „Stockwerke". Je nach der betrachteten Eigenschaft der Atmosphäre (Temperatur, Ionisierungszustand usw.) ist eine unterschiedliche Bezeichnung der einzelnen Atmosphärenschichten üblich geworden.

Unter Zugrundelegung der vertikalen Temperaturverteilung ergibt sich die folgende Stockwerkgliederung der Atmosphäre:

Der untere Bereich, bis im Mittel etwa 11 km Höhe, wird Troposphäre genannt. Die Troposphäre ist durch eine Temperaturabnahme mit der Höhe (0,65 K/100 m) und eine lebhafte Durchmischung der Luft gekennzeichnet; in dieser Schicht spielen sich praktisch alle Wetterprozesse ab. Hier ist fast der gesamte Wasserdampf der Atmosphäre enthalten.

Die Peplosphäre (1 bis 2,5 km) ist die Grundschicht der Troposphäre, der Reibungseinfluß der Erdoberfläche ist von großer Bedeutung. Die Obergrenze der Peplosphäre (die Peplopause) ist oft mit Inversion verbunden.

Die Troposphäre wird durch die Tropopause von der darüber liegenden Stratosphäre getrennt. Die mittlere Höhe der Tropopause beträgt

* über den Polen rund 8 km
* über den gemäßigten Breiten im Mittel 11 km
* über dem Äquator etwa 17 km

Die Temperaturen an der Tropopause bewegen sich zwischen - 50°C am Pol und 90°C am Äquator; über den kältesten Gebieten der Erde (Pole) lagern also in der unteren Stratosphäre verhältnismäßig warme, über den wärmsten Zonen der Erdoberfläche (Äquatorgegend) relativ kalte Luftmassen.

- In der unteren Stratosphäre bleibt die Temperatur bis rund 20 km Höhe nahezu konstant (Isothermie), darüber steigt sie dann wieder an und erreicht in etwa 50 km Höhe (Obergrenze der Ozonschicht) ein Maximum von 0°C und höher. Hier liegt die Stratopause, die die Stratosphäre gegen die Mesosphäre abgrenzt.
- In der Mesosphäre erfolgt wieder ein Rückgang in rund 80 km Höhe an der Obergrenze der Mesosphäre, der Mesopause.
- In der Thermosphäre, die sich anschließt, steigt die Temperatur erneut stark an und erreicht bei rund 200 km Höhe Werte in der Größenordnung von 1000°C; darüber ist dann nur noch eine geringe Temperaturzunahme zu beobachten.

Infolge der starken Verdünnung der Luft bei 200 km sagen die hohen Temperaturwerte jedoch nichts mehr über „Wärme" aus, sondern beschreiben nur noch die mittlere kinetische Energie der vorhandenen Luftteilchen.

Das oberste Stockwerk der Atmosphäre ab etwa 500 bis 1000 km Höhe wird die Exosphäre genannt. Die Exosphäre bildet den Übergang der Erdatmosphäre zum interplanetarischen Raum. Die noch vorhandenen atmosphärischen Gase sind bereits so verdünnt, daß einzelne Moleküle nicht mehr mit anderen zusammenstoßen und bei genügend hohen Geschwindigkeiten aus dem Schwerefeld der Erde in den Weltraum entweichen.

Die Luftbewegungen in der Homosphäre (unterste 100 km) lassen sich mit den Gesetzen der Meteorologie beschreiben.

In der Heterosphäre dagegen werden die atmosphärischen Gase unter Einwirkung der Sonnenstrahlung dissoziiert und ionisiert; damit unterliegen die Bewegungen der Luft in zunehmendem Maße anderen Einflüssen als in der Homosphäre, z.B. dem erdmagnetischen Feld der Atmosphäre. Den Übergang zwischen Homosphäre und Heterosphäre bildet eine zwischen etwa 80 und 130 km Höhe liegende Turbulenzschicht, in der sich völlig regellos und noch unerklärlich stärkste Luftströmungen aus entgegengesetzten Richtungen auf geringen Höhenunterschieden mit nur wenigen hundert Metern dicken Schichten fast völliger Windstille ablösen. Unter Berücksichtigung des Ionisierungs-zustandes der Luft kann die Atmosphäre auch in eine Neutrospähre (bis etwa 80 km Höhe) und

eine Ionosphäre (bis etwa 1000 km Höhe)

unterteilt werden.

Im Gegensatz zu den im wesentlichen neutralen Gasteilchen der Neutrosphäre sind die atmosphärischen Gase in der Ionosphäre durch die Sonnenstrahlung teilweise ionisiert.

Durch die Ionisation der verschiedenen Bestandteile der Luft, durch verschiedene Spektralbereiche der Sonnenstrahlung, bilden sich mehrere Schichten der Elektronen-konzentrationen in der hohen Atmosphäre aus mit folgenden Bezeichnungen und Höhen:

- D-Schicht (etwa 80 km bis 100 km)
- E-Schicht (etwa 100 km)
- F_1-Schicht (etwa 150 km bis 250 km) (nur im Sommer vorhanden)
- F_2-Schicht (etwa 250 km bis 500 km)

Diese Schichten der Ionosphäre haben aufgrund der an ihnen erfolgenden Reflexionen elektromagnetischer Wellen eine große Bedeutung für die weltweite Ausbreitung von Radiowellen, vornehmlich im Kurzwellenverkehr.

Aufbau der Atmosphäre der Erde

Höhe (km)	Schichten	Temperatur-verlauf (K)	Mischungs-Zustand	Charakter, Bestandteile
19000	Äußerer Strahlungsgürtel			Elektron
7000	Innerer Strahlungsgürtel			Proton
2000				Elektron
> 800	Innerer Strahlungsgürtel	Exosphäre 1500°-2000°	Heterosphäre (mittlere Molekularmasse variable)	Atomarer Wasserstoff Stickstoff
500		Thermospähre		Elektronen
100	Ionosphäre F-Schicht E-Schicht			Sauerstoff $N + N \rightarrow N_2$ $O + O \rightarrow O_2$
85		Mesopause 130° - 150° Mesosphäre	Hemosphäre (mittlere Molekularmasse konstant)	
	D-Schicht			
50		Stratopause 270° - 290°		O_2, N_2 O_3
17	Ozonschicht	Stratosphäre		
10		Tropopause 190° - 220°		
7	Gebiet der Strahlströme	Troposphäre		
< 1		Grenzschicht 270 ° - 300 °		

Tab. 1   Aufbau der Atmosphäre

km

Magnetosphäre

1000 ————————————————————————————————

Exosphäre   Ionosphäre

F_2-Schicht (ca.250-500km)

———————————————— 400—
F_1-Schicht (ca.150-200 km)

Thermosphäre
E-Schicht (um 100 km)

——— Mesopause ——————— 80 —   D-Schicht (etwa 80-100 km)

Mesosphäre

——— Stratopause ——————— 50 —

Stratosphäre

——— Tropopause ——————— 12 —

Troposphäre

————————— Erde ————————   ————————— Erde —————————

(a)   (b)

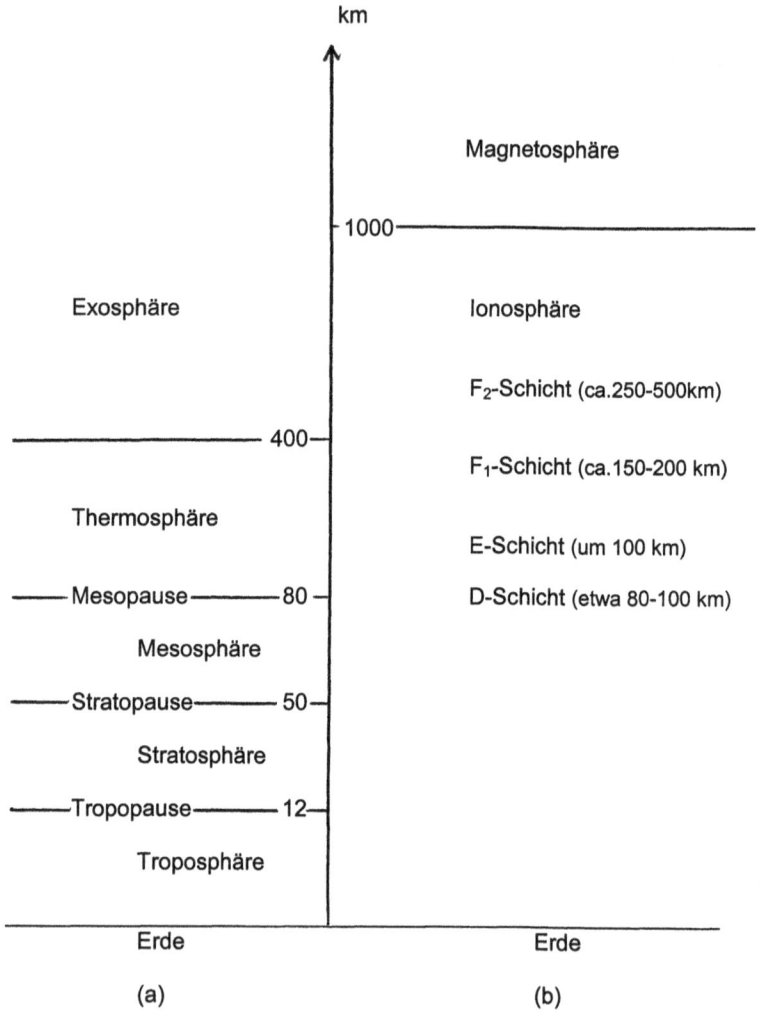

Abb. 1   Vertikalgliederung der Atmosphäre

a) Bezeichnung nach der vertikalen Temperaturverteilung

b) Bezeichnung nach dem Ionisierungszustand der Luft

Die Ionosphäre besteht aus einer Reihe von Schichten, die in verschiedenen Höhen gelagert sind. Die Ionisation dieser Schichten und ihre Höhe über der Erdoberfläche hängt ab von der geographischen Breite, von der Tageszeit, der Jahreszeit sowie von der Sonnenaktivität.

Schicht	Höhe (km)	Ionisierende Strahlung	Ionen
D	50 - 85	Röntgen, Lyman $\propto$	$O_2^+ NO^+$
E	85 - 150	UV, $\lambda \approx 100$ Å	O_2^+, NO^+
F	> 150	UV 300-1000 Å	O_2 , NO^+ , O, H_2, H

Tab. 3   **Übersicht über den Schichtaufbau der Ionosphäre**

22

Der vertikale Aufbau der Atmosphäre

H (gpm)	z (m)	T (K)	p (mbar)	ρ (kg m-3)
* 0	0	288,15	1013,25	1,225
1000	1000	281,65	898,75	1,112
2000	2001	275,15	795,0	1,006
3000	3001	268,65	701,1	0,909
4000	4003	262,15	616,4	0,819
5000	5004	255,65	540,2	0,736
6000	6006	249,15	471,8	0,659
7000	7008	242,65	410,6	0,589
8000	8010	236,15	356,0	0,525
9000	9013	229,65	307,4	0,466
10000	10016	223,15	264,4	0,412
11000	11019	216,65	226,3	0,363
12000	12023	216,65	193,3	0,310
13000	13027	216,65	165,1	0,265
14000	14031	216,65	141,0	0,226
15000	15035	216,65	120,4	0,193
16000	16040	216,65	102,9	0,165
17000	17046	216,65	87,87	0,141
18000	18051	216,65	75,05	0,120
19000	19057	216,65	64,75	0,103
20000	20063	216,65	54,75	0,088
30000	30142	226,65	11,72	0,018
40000	40253	251,65	2,77	0,0038
50000	50396	270,65	0,76	0,0009
60000	60572	254,65	0,21	0,0002
70000	70779	216,65	0,05	7,87 -5
80000	81020	180,65	0,0085	1,65 -5
90000	91293	184,51	0,0013	2,45 -6
100000	101598	217,70	0,00022	3,74 -7

Tab. 4   Standard Atmosphäre

$\varphi = 40°$

$g = 9,80665 \text{ ms}^{-1}$

2.3 Die Strahlungshaushalt der Atmosphäre

Meßgeräte, wie Radiosonden, übermitteln mit Hilfe eines kleinen Senders laufend die gemessenen Werte, im allgemeinen von Lufttemperatur, Luftdruck und Luftfeuchtigkeit, an die Bodenstation. Durch optische oder elektronische Verfahren vom Boden aus kann der Standort der Ballon-Radiosonde ermittelt und damit Richtung und Stärke der Höhenströmung in den betreffenden Luftschichten berechnet werden. Heute ist die Radiosonde das Standardgerät für die Überwachung der freien Atmosphäre und wird in einem weltweiten Stationsnetz auf den Kontinenten und Ozeanen eingesetzt; die so gewonnenen Meßwerte ermöglichen die Konstruktion von speziellen Höhenwetterkarten, die aus der Wetterkunde nicht mehr wegzudenken sind.

Neben den im täglichen Wetterdienst benutzten Radiosonden wurden zahlreiche Spezialsonden entwickelt, die der Untersuchung ganz bestimmter atmosphärischer Parameter dienen, wie z.B. die Ozonradiosonde oder die Strahlungsradiosonde.
Auch Raketen sind zur Gewinnung von Meßdaten über Temperatur, Druck, Dichte, Zusammensetzung der Luft, Intensität der kosmischen Strahlung, vertikale Verteilung des Ozons, Strahlungshaushalt der Atmosphäre im Einsatz. Sie liefern Photographien von Wolken und Erde aus großen Höhen und werden für Untersuchungen über Auswirkungen der kosmischen Strahlung auf Lebewesen eingesetzt. Ein Nachteil der Raketen ist ihre geringe Flugdauer; wissenschaftliche Messungen sind sowohl zeitlich als auch räumlich beschränkt.

Mit Satelliten in der Umlaufbahn um die Erde erhielt man langzeitig nutzbare Meßträger, die in bisher unzulänglichen Atmosphärenschichten geophysikalische und astrophysikalische Messungen durchführen können.

Die Satelliten haben die Kenntnisse von den Vorgängen in der hohen Atmosphäre weitgehend bereichert und wertvolle Beobachtungswerte, unter anderem über die Ionosphäre, die kosmische Strahlung, das Magnetfeld und das Schwerefeld der Erde geliefert.

Auch für die Meteorologie stellen die Messungen wichtiger Größen, wie z.B. der Strahlung und die Wolkenaufnahmen über großen Gebieten der Erde, die mit Hilfe der Wettersatelliten gewonnen werden, eine notwendige Ergänzung zu den Meßwerten aus unteren Atmosphärenschichten und vom Boden dar.

Breite	0	± 10	± 20	± 30	± 40	± 50	± 60	± 70	± 80
Siderische Rotations- dauer in Tagen	25,2	25,4	26,0	26,9	28,2	29,7	31,3	32,7	33,7

Rotationsdauer der Sonne in verschiedenen heliographischen Breiten

Die Erde erhält ihre gesamte Energie von der Sonne, die damit auch die Energiequelle für alle in der Atmosphäre ablaufenden physikalischen Prozesse ist.

Bei einer mittleren Entfernung zwischen Sonne und Erde von rund 150 Millionen km trifft an der Obergrenze der Erdatmosphäre eine Strahlung ein, die im Durchschnitt bei senkrechtem Einfall rund 2 Kalorien pro Quadratzentimeter und Minute beträgt. Dieser Wert wird wegen seiner nur geringen Schwankungen von $\pm$ 0,04 cal. cm^{-2} . min^{-1} Solarkonstante genannt.

$$S_O = 2\ cal..\ cm^{-2}.\ min^{-1} \pm 0,04\ cal.\ cm^{-2}.\ min^{-1}$$
$$S_O = 33,5\ KW.\ m^{-2}.\ Tag^{-1}$$
$$1\ cal = 4,185\ W.s$$

Die Energie, die bei einer mittleren Entfernung von der Sonne pro Zeit und pro Flächeneinheit senkrecht zum Strahlengang auftritt, die Sonnenenergie gelingt durch Strahlung auf die Erde.
1 $KW.m^{-2}$ pro Tag entspricht ungefähr dem Heizbedarf einer Wohnung.

Beim Durchgang durch die Erdatmosphäre wird die Sonnenstrahlung geschwächt, aber nicht in allen Spektralbereichen gleichmäßig.

Drei Prozesse sind für die Schwächung der Sonnenstrahlung verantwortlich:

- Die Absorption (durch Ozon, Wasserdampf und CO_2)
- Die Reflexion an den gröberen Teilchen, vor allem den Dunstpartikeln in der Atmosphäre und den Wolken
- Die diffuse Streuung an den Molekülen der Luft.

Reflexion und diffuse Streuung ändern nur die Richtung der einfallenden Strahlung, während die Absorption eine Umwandlung von Strahlungs- in Wärmeenergie bedeutet.

Bei der diffusen Streuung wird der kurzwellige Teil des Sonnenspektrums (blauer Bereich) weitaus stärker gestreut als der langwellige (roter Bereich). Die blaue Farbe des Himmels und die gelbroten Farben der Dämmerung sind auf diffuse Streuung zurückzuführen. An der Erdoberfläche steht ca. ein Drittel der gesamten zugestrahlten Sonnenenergie zur Heizung der unteren Luftschichten und zur Anregung des Wasserkreislaufes zur Verfügung.

Die Erdoberfläche gibt die Wärmemenge größtenteils wieder an die Atmosphäre ab. Die Luft wird also erwärmt. Die Übertragung der Energie erfolgt durch Wärmestrahlung, durch Konvektion, durch Turbulenz und Verdunstung.

- Die niedrigen Breiten der Erdhalbkugel erhalten eine viel größere Sonneneinstrahlung,
- die hohen eine viel geringere, als der Durchschnittswert angibt.

Die Strahlungsmenge ist also vom Sonnenstand und damit von der geographischen Breite abhängig; je tiefer die Sonne steht, um so größer ist der Weg der Strahlen durch die Atmosphäre und die Absorption in der Luft, desto weniger Strahlung erreicht den Erdboden. Der Betrag der Einstrahlung ist von der Tageslänge abhängig.

Im Winter überwiegt tags und nachts die langwellige Ausstrahlung des Erdbodens, wobei sich die Luft immer mehr abkühlt.

Die Beschaffenheit der Erdoberfläche spielt eine große Rolle für die Verwertung der zugestrahlten Energie.

- Fester Boden erwärmt sich tagsüber rasch, kühlt nachts aber auch stark ab.
- Wasserflächen hingegen erwärmen sich viel langsamer, kühlen auch langsamer ab.
- Nackter Boden, Gras- oder Waldfläche, schneebedeckte oder schneefreie Gebiete haben ein unterschiedliches Reflexionsvermögen und erwärmen sich daher auch sehr verschieden stark. Kräftige Temperaturunterschiede auf relativ kleinem Raum sind die Folge.

Die Luft ist am Tag und im Sommer über dem Festland wärmer als über dem Meer und im Winter umgekehrt.

So treten die größten Temperaturschwankungen im Jahresablauf über den Kontinenten auf; das ozeanische Klima ist demgegenüber ausgeglichener.

Die großen Energiebeträge, die in niedrigen Breiten der Erdoberfläche zugestrahlt werden, bewirken nicht nur eine starke Erwärmung der Luft in diesen Gebieten. Als Folge der ungleichmäßigen Wärmeverteilung auf der Erde bilden sich große Windströmungen aus, die wärmere Luftmassen in höhere, kältere Breiten verfrachten.

Es entstehen außerdem mächtige Meeresströmungen, wie z.B. der Golfstrom, die in breitem Strom erwärmte Wassermassen in kältere Breiten führen. Der Einfluß dieser gewaltigen Wasserströmungen auf das Klima der benachbarten Festlandgebiete ist groß, wobei die warmen Meeresströmungen viel einflußreicher sind als die kalten.

3. Die Ausbreitung elektromagnetischer Wellen

3.1 Die Entstehung von elektromagnetischer Wellen

Eine Welle bezeichnete ursprünglich die durch eine Strömung hervorgerufene zeitliche und räumliche Änderung der Oberflächengestalt von Flüssigkeiten (z.b. Wasserwellen), die sich als Oberflächenwellen entweder vom Ort der Störung nach allen Seiten hin oder bei stetig gleichwirkender Kraft (z.b. Wind) in Richtung der Kraftwirkung ausbreitet. Heute nimmt sie die allgemeine Bezeichnung für jede zeitliche und räumliche Zustandsänderung physikalischer Größen an, die sich durch eine Lösung U ($\underline{r}$, t) oder Wellengleichung beschreiben läßt und daher bestimmte periodische Gesetzmäßigkeiten erfüllt.

Die allgemeine Lösung der Wellengleichung hat die komplexe Form

$$U\ (\underline{r}\ ,t) = A\ (\underline{r},\ t)\ .\ \exp\ [i\ \Phi\ (\underline{r},\ t)]$$

mit einer vom Ortsvektor r und der Zeit t abhängigen Amplitudenfunktion $A(\underline{r},\ t)$ und einer gleichfalls als orts- und zeitabhängigen Phasenfunktion $\Phi\ (r,\ t)$.

Die Bedingung ϕ = Konstante liefert die Flächen gleicher Phase (Wellenfläche): Die Frequenz ν der Wellen ergibt sich dabei

$$2\pi\gamma = \omega = -\frac{\partial \Phi}{\partial t}\ \ (\omega\ \text{Kreisfrequenz}),$$

der Wellenfaktor k der Wellen zu k = grad φ .

Den wichtigsten Sonderfall stellen die harmonischen Wellen dar, bei denen

$$\Phi = k \cdot r - \omega t + \varphi$$

ist (φ Phasenkonstante); sie beschreiben die räumliche Fortpflanzung einer harmonischen Schwingung, wobei sich die Wellenflächen in der **k**-Richtung mit der Phasengeschwindigkeit

$$v_{ph} = \omega / k = \lambda v$$

fortbewegen. Dabei ist λ die Wellenlänge.

Die einfachste harmonische Welle ist die ebene laufende Welle oder Planwelle, beschrieben durch

$$U(\underline{r}, t) = A \cdot \sin(\underline{k} \cdot \underline{r} - \omega t + \varphi),$$

wobei die Amplitude A konstant ist.

Beliebige andere Wellenformen lassen sich stets in solche sinusförmigen (harmonische) ebenen Wellen zerlegen (harmonische Analyse) bzw. sich aus ihnen zusammensetzen; speziell erhält man durch Superposition zweier ebener laufender Wellen gleicher Amplitude, Frequenz und Phasenkonstante, aber entgegengesetzt gleicher Wellenvektoren eine stehende Welle, für die an den Stellen

$$k \cdot r = n\pi / 2 \qquad (n = 1, 3, 5 \ldots),$$

den sogenannten Schwingungsknoten, die Elongation U(r, t) stets verschwindet, während zwischen zwei Knoten die Schwingungsbäuche mit maximaler Elongation liegen. Bei Überlagerungen zweier harmonischer Wellen mit etwas verschiedenen Frequenzen treten Schwebungen auf.

Eine häufig auftretende Wellenform ist die Kugelwelle:

$$U(\underline{r}, t) = A/r \sin(\underline{k}.\underline{r} - \omega t + \psi),$$

deren Wellenflächen sämtlich Kugelflächen um das Wellenzentrum sind (r ihr jeweiliger momentaner Abstand von diesem), die sich mit der Phasengeschwindigkeit w/k ausbreiten.

Ein begrenzter Ausschnitt aus einer Kugelwelle nähert sich in großer Entfernung von ihrem Ursprung sehr gut einer ebenen Welle an.

Ist die Amplitudenfunktion der Welle eine vektorielle Größe z.B. elektrische Feldstärke, Teilchenschwingungen um eine Gleichgewichtslage, so ist zwischen

*   Quer- oder Transversalwellen und

*   Längs- oder Longitudinalwellen

zu unterscheiden, je nachdem, ob die Elongation senkrecht oder parallel zum Wellenvektor erfolgt. Orte mit positiver bzw. negativer Elongation bei Querwellen oder mit Verdichtungen bzw. Verdünnungen eines materiellen Mediums bei Längswellen werden als Wellenberge bzw. Wellentäler bezeichnet.

Beim Durchgang einer Welle durch ein Medium tritt durch eine Absorption der in der Welle steckenden Energie eine Dämpfung der Welle auf, dh. ein im allgemeinen exponentielles Abklingen der

Amplitude. Da die Wellengleichung linear ist, gilt für die Überlagerung von Wellen das Superpositionsprinzip, wonach sich Wellen verschiedener Art und Herkunft unabhängig voneinander ausbreiten und überlagern.

Die Elongationen der resultierenden Welle erhält man durch (vektorielle) Addition der Momentanwerte der Elongationen in jedem Raumpunkt. Man spricht dabei von kohärenten Wellen, wenn der Gangunterschied zeitlich konstant ist oder sich nach festen Regeln ändert.

Besondere Interferenzerscheinungen treten bei der Reflexion, Beugung und Brechung von Wellen auf. Werden viele Wellen gleicher Ausbreitungsrichtung (x-Richtung) superposiert, deren Wellenzahlen k in einen engen Bereich der Breite Δk fallen, so erhält man ein sogenanntes Wellenpaket (Wellengruppe), das nur in einem Raumbereich der Breite

$$\Delta x \approx \frac{1}{\Delta k}$$

eine von Null verschiedene Amplitude hat und sich mit der Gruppengeschwindigkeit in x-Richtung fortpflanzt.

In der Natur sind zahlreiche Beispiele für Wellenvorgänge zu finden: Werden in einem elastischen Medium Materialteilchen aus ihren Ruhelagen entfernt, so breitet sich diese Störung wegen der Wechselwirkung der Teilchen als elastische Welle im Medium aus;

es können sowohl Längswellen (sogenannte Kompressionswellen) als auch Querwellen (Scherungswellen) auftreten. Derartige elastische Wellen sind z.b. die Schallwellen in festen Körpern. Elektromagnetische Wellen entstehen, wenn sich elektrische Ladungen beschleunigt bewegen und sich damit elektrische Ströme zeitlich ändern.

Dies ist z.b. der Fall beim Hertz' schen Dipol, in Schwingkreisen (aus Oszillator) oder in angeregten mikrophysikalischen Systemen. Mit diesen Wellen breiten sich elektrische und magnetische Felder räumlich und zeitlich periodisch aus; sie sind im allgemeinen Transversal-Wellen, bei denen der elektrische und der magnetische Feldstärkevektor senkrecht zum Wellenvektor und zueinander schwingen; ihre Frequenzen bzw. Wellenlängen bilden das sogenannte elektromagnetische Spektrum.

Die Ausbreitung dieser Wellen in einem Medium hängt von dessen elektrischen Materialkonstanten (Brechungsindex, elektrische Leitfähigkeit, Dielektrizitätskonstante und Permeabilität) ab); die Ausbreitungsgeschwindigkeit ist gleich der Lichtgeschwindigkeit in diesem Medium; speziell die elektrischen und magnetischen Felder der sogenannten elektrischen Wellen können sich längs elektrischer Leitungen und Oberflächen, in Dielektrika sowie im freien Raum fortpflanzen.

So strahlt eine über ebener Erde befindliche Antenne eine an die Erdoberfläche gebundene Bodenwelle, die bei Langwellen die ganze Erde umläuft, und eine Raumwelle aus. Bei Kurzwellen ist die

Bodenwelle stark gedämpft; die große Reichweite ergibt sich durch mehrmalige Reflexion der Raumwelle an der Ionosphäre.

Die Ausbreitung der Ultrakurzwellen erfolgt bereits als nahezu quasioptische und ohne Bodenwellen; vom cm-Wellenlängenbereich an nach kürzeren Wellenlängen hin bildet der optische Horizont eine Schattengrenze.

Sehr kurze elektrische Wellen können sich in Hohlrohren (Hohlleiter, Wellenleiter) als Rohrwellen fortpflanzen. Weitere Beispiele von Wellen sind die Oberflächenwellen, Kapillarwellen und Schwerewellen, die Plasmawellen in Plasmon, die Erdbebenwellen und die Temperaturwellen.

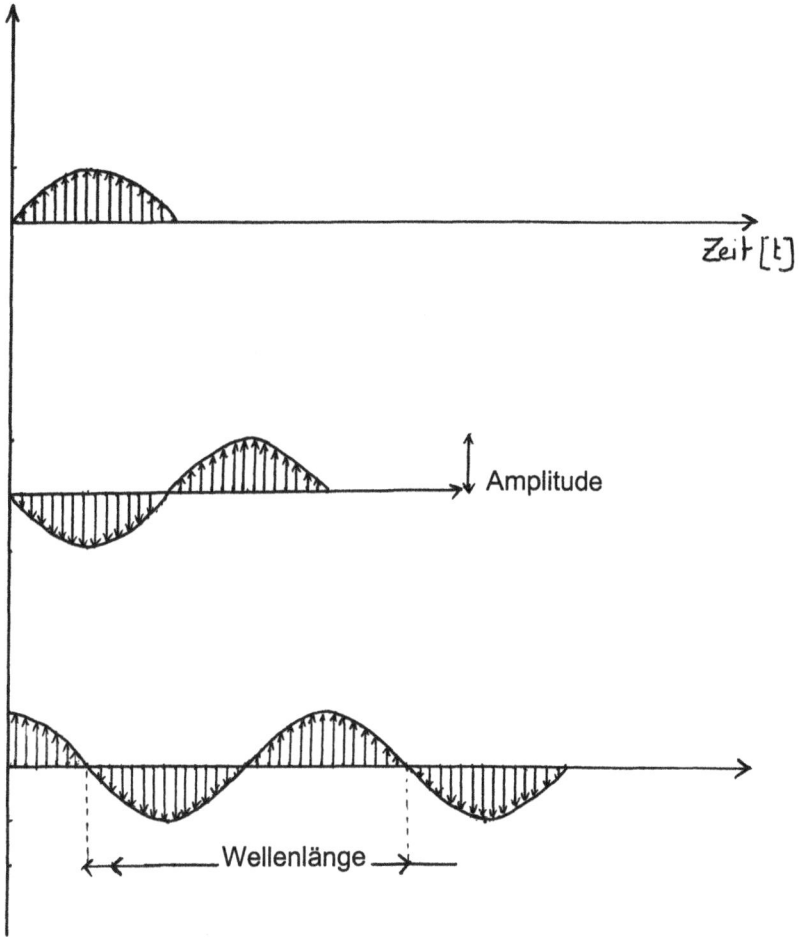

Zeit [t]

Amplitude

Wellenlänge

Abb. 2   Ausbreitung einer Transversalwelle
          Schwingungszustand zu verschiedenen Zeiten.

3.2 Allgemeine Eigenschaften

1. Die Ausbreitung eines veränderlichen elektromagnetischen Feldes im Raum nennt man elektromagnetische Welle. Elektromagnetische Wellen sind Transversalwellen (eine Welle heißt transversal, wenn die Schwingungen der Teilchen in Ebenen senkrecht zur Fortpflanzungsrichtung erfolgen). Die Vektoren $\underline{E}$ und $\underline{H}$ der elektrischen und magnetischen Feldstärken des Wellenfeldes stehen aufeinander senkrecht und liegen in einer Ebene senkrecht zur Ausbreitungsgeschwindigkeit v der Welle. Die Vektoren v, E und H bilden ein Rechtssystem. Eine Linie, deren Tangente in jedem Raumpunkt in die Ausbreitungsrichtung der Welle fällt, nennt man Strahl. Ein Strahl liegt also in der Richtung der Energieübertragung.

2. Den Zusammenhang zwischen $\underline{E}$ und $\underline{H}$ in einem elektromagnetischen Feld, das sich in einem ruhenden Medium ausbreitet, bestimmt man aus den Maxwell' schen Gleichungen, in denen man ρ und j gleich Null setzt:

$$\text{rot}\,\underline{E} = -\frac{\partial\,\underline{B}}{\partial\,t} \qquad \underline{B} = \mu\,\mu_0\,\underline{H} \qquad \underline{D} = \varepsilon\varepsilon_0\,\underline{E}$$

$$\text{div}\,\underline{D} = \rho = 0$$

$$\text{rot}\,\underline{H} = j + \frac{\partial\,\underline{D}}{\partial\,t} \qquad \text{div}\,\underline{B} = 0$$

Hierbei sind ε_0 und μ_0 die elektrische und die magnetische Konstante Dielektrizitätskonstante bzw. Permeabilität des Vakuums ε und μ die relative Dielektrizitätskonstante bzw. relative Permeabilität des Mediums.

3.   Elektromagnetische Wellen heißen eben, wenn die Vektoren E und H nur von der Zeit und von einer der kartesischen Koordinaten abhängen, z.B. von x.

Bei ebenen Wellen sind alle Strahlen parallel zueinander.

Für ebene Wellen, die sich längs der positiven x-Achse eines Rechtssystems ausbreiten, gelten die Beziehungen

$E_x = H_x = O$.

4.   Elektromagnetische Wellen heißen monochromatisch, wenn die Komponenten der Vektoren **E** und **H** des elektromagnetischen Feldes harmonische Schwingungen mit einer einzigen Frequenz ausführen, die man als Frequenz der Welle bezeichnet.

Monochromatische Wellen sind räumlich und zeitlich unbegrenzt.

5. Das Vektorpotential ebener monochromatischer Wellen ist

$A = A_0 \exp\{-i\ [\omega t - (k.r)]\}$

dabei ist A_0 ein gewisser komplexer Vektor

ω die Kreisfrequenz

r der Radiusvektor zum beobachteten

Feldpunkt

k der Wellenvektor

$k = \underline{\omega}\ n = \underline{2\,\pi}\ \mathbf{n} = const$
    v λ

n ist der Einheitsvektor in der

Ausbreitungsrichtung der Welle

$\lambda =$ vT die Wellenlänge und

T die Periode der Schwingung

6. Die Feldstärken des elektrischen und des magnetischen Feldes ebener mono-chronistischer Wellen sind

$E = Re\ \{E_0 \exp\text{-}1\ [\omega t - (k.r)\ ]\}$

$H = Re\ \{H_0 \exp\text{-}1\ [\omega t - (k.r)\ ]\}$

7. Die Energie pro Zeiteinheit, die von der Welle durch die Flächeneinheit transportiert wird, nennt man Intensität I der elektromagnetischen Welle.

Die Intensität I hängt mit dem Poynting´schen Vektor P durch die Beziehung

$$I = |P| = \frac{1}{T}\ \left|\ \int_0^T\ P\,dt\ \right|$$

zusammen, wobei T die Periode der Welle ist.

P = [EH]

8. Eine elektromagnetische Welle heißt sphärisch, wenn ihre Intensität nur vom Abstand r von einem gewissen Punkt des Raumes abhängt, den man Wellenzentrum nennt.

Aus dem Energieerhaltungssatz folgt, daß für sphärische Wellen in einem homogenen, nicht absorbierenden Medium

$I = \dfrac{const}{r^2}$ ist.

9. Die Abhängigkeit der Phasengeschwindigkeit einer elektromagnetischen Welle in einem Medium von der Frequenz der Welle bezeichnet man als Dispersion.

Im Vakuum gibt es keine Dispersion elektromagnetischer Wellen.

10. In Wirklichkeit sind elektromagnetische Wellen nie monochromatisch, da sie stets räumlich und zeitlich begrenzt sind. Solche Wellen können als Gesamtheit der monochromatischen Wellen gedacht werden und heißen Wellengruppen oder Wellenpakete.

Zur Charakterisierung der Ausbreitung einer Wellengruppe und der damit verbundenen Energieübertragung, d.h. der Geschwindigkeit der Ausbreitung eines Signals, reicht der Begriff der Phasengeschwindigkeit nicht aus.

Bemerkung

In Abhängigkeit von der Frequenz $V = \omega/2\pi$ (oder der Wellenlänge im Vakuum $\lambda = c/v$) unterteilt man den Bereich der elektromagnetischen Wellen üblicherweise in einige Teilbereiche. Das Spektrum der elektromagnetischen Wellen ist in Bild 3 angegeben.

Die Grenzen zwischen den einzelnen Bereichen sind durch Konvention festgelegt.

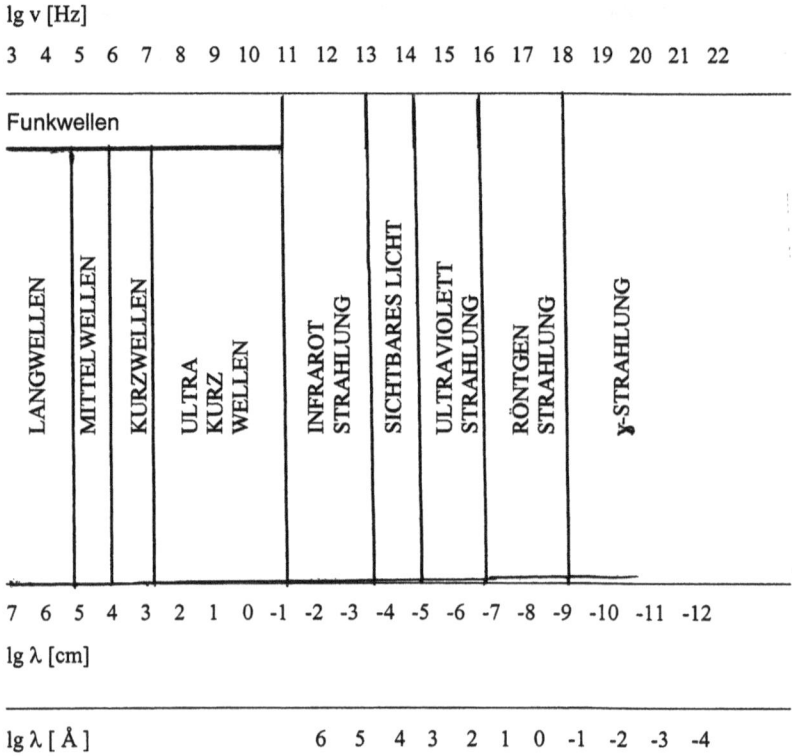

lg v [Hz]

3 4 5 6 7 8 9 10 11 12 13 14 15 16 17 18 19 20 21 22

Funkwellen

LANGWELLEN　MITTELWELLEN　KURZWELLEN　ULTRA KURZ WELLEN　INFRAROT STRAHLUNG　SICHTBARES LICHT　ULTRAVIOLETT STRAHLUNG　RÖNTGEN STRAHLUNG　γ-STRAHLUNG

7 6 5 4 3 2 1 0 -1 -2 -3 -4 -5 -6 -7 -8 -9 -10 -11 -12

lg λ [cm]

lg λ [Å]　　　　　6 5 4 3 2 1 0 -1 -2 -3 -4

Abb. 3　　　Spektrum der elektromagnetischen Wellen

Welche Forme hat dann die Wellengleichung?

Die lineare partielle Differentialgleichung 2. Ordnung vom hyperbolischen Typ

$$\Delta \psi - \frac{1}{v^2} \frac{\partial^2 \psi}{\partial t^2} = 0$$

heißt Wellengleichung.

(Δ Laplace- Operator), deren von den Ortkoordinaten (Ortsvektor $\underline{r}$) und von der Zeit t abhängigen Lösungen $\psi = \psi$ ($\underline{r}$, t), die mit der Phasengeschwindigkeit v erfolgende absorptionsfreie Ausbreitung eines Wellenvorganges beschreiben. Für harmonische Wellen ($\psi = U$ (r) . $\exp^{i\omega t}$) reduziert sich die Wellengleichung auf die zeitfreie Wellengleichung, die Schwingungsgleichung. In einer bzw. zwei Dimensionen (n = 1,2) beschreiben die Lösungen die [kleinen] Auslenkungen einer schwingenden Saite bzw. Membran.

Je nachdem, ob die gesuchte Lösung ψ noch die Anfangsbedingungen

$$\psi (r, o) = f (r) \quad \text{und}$$

$$\psi_t (r, o) = g (r)$$

[mit $\psi_t = \frac{\partial \psi}{\partial t}$]

oder auch Randbedingungen (auf dem Rande eines beliebigen Bereiches) erfüllen muß, liegt ein Cauchy´ sches Problem oder ein gemischtes Problem vor.

Wie sieht die Darstellung der Wellen aus?

$$\frac{\partial^2 \psi}{\partial t^2} = c^2 \nabla^2 \psi \qquad \text{Wellengleichung}$$

$$\psi = \psi_1 + \psi_2 \qquad \text{Die Superposition}$$

kann als Welle aufgefaßt werden, deren Amplitude selbst einer periodischen Änderung (= Amplitudenmodulation) unterworfen ist.

Die Fortpflanzungsgeschwindigkeit der Phase der Amplitudenmodulation nennt man Gruppengeschwindigkeit.

Bewegungsgleichung:

$$\rho \frac{dv}{dt} + 2 \rho \, \Omega \times v = -\nabla P + \rho g$$

Zur vollständigen Beschreibung der Bewegungsvorgänge in der Atmosphäre ist noch der erste Hauptsatz der Wärmelehre heranzuziehen.

$$ds = C_P \frac{dT}{T} - R \frac{dp}{p}$$

Wie lässt sich Die Grundgleichung für die Wellenausbreitung in der Atmosphäre darstellen?

$$-2\,\Omega\,x\,v = -\,f\,k\,x\,v_e$$

$$f_o = 2\,\Omega\,\sin\,\varphi\,o$$

Da der Grundzustand der Atmosphäre nur in der Horizontalen, nicht aber in der Vertikalen als homogen vorausgesetzt werden darf, d.h. die Abhängigkeit der Dichte von der Höhe $\rho = \rho\,(z)$ berücksichtigt werden muß, gilt:

$$\frac{1}{\rho}\,\frac{\partial\rho}{\partial z} = -\,\delta \quad = \text{Konstante}$$

$$\rho = \rho_s\,\exp\,-\delta^{\,z} \quad \text{mit} \quad \rho_s = \text{Konstante}$$

Mit Hilfe dieser Gleichungen können fast alle Wellenvorgänge in der Atmosphäre relativ gut beschrieben werden.

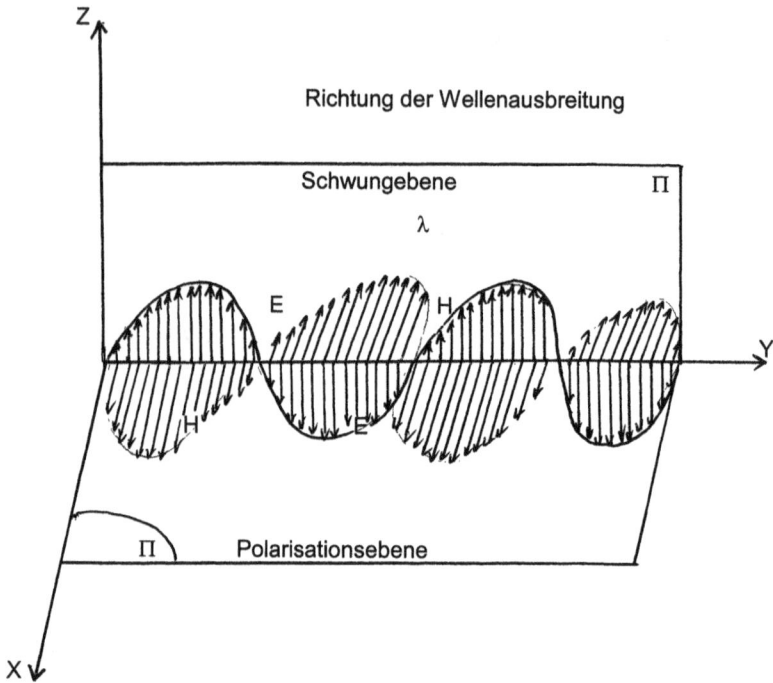

Abb. 4   Wellenausbreitung

3.3 Aus- und Abstrahlung elektromagnetischer Wellen

Ausstrahlung elektromagnetischer Wellen
Die klassische Elektrodynamik besagt, daß elektromagnetische Wellen durch beschleunigte elektrische Ladungen angeregt werden.

Elektromagnetische Wellen können in Materie auch durch nicht beschleunigte Ladungen angeregt werden, wenn ihre Geschwindigkeit größer ist als die Phasengeschwindigkeit des Lichtes im betreffenden Stoff.

Die Emission elektromagnetischer Wellen seitens eines elektrischen Systems nennt man Ausstrahlung; das System selbst ist ein strahlendes System. Das durch ein strahlendes System entstehende elektromagnetische Feld heißt Strahlungsfeld.

Abstrahlung elektromagnetischer Wellen
a) Unter Funkverkehr versteht man die Übertragung beliebiger Informationen mit Hilfe von Radiowellen, d.h. mit Hilfe von elektromagnetischen Wellen im Frequenzbereich unter $3 \cdot 10^5$ MHz.
- Bei Radiosendungen überträgt man gesprochene Worte, Musik und telegraphische Signale.
- Beim Fernsehen übermittelt man Bilder.
Der Funkverkehr erfolgt durch die Abstrahlung modulierter elektromagnetischer Wellen vom Funksender und durch „Entmodulierung" durch den Radioempfänger.

b) Unter der Modulation einer elektromagnetischen Welle versteht man die Änderung ihrer Parameter mit einer Frequenz, die wesentlich niedriger ist als die Frequenz der elektromagnetischen Welle selbst.

Die zu modulierende Welle heißt Trägerwelle, ihre Frequenz heißt Trägerfrequenz.

Der Art der Parameter der Trägerwellen entsprechend, die bei der Modulation geändert werden, unterscheidet man:

* **Amplitudenmodulation (AM)**

Man ändert nur die Amplitude der Welle

$$A = A_O (1 + m \cos \Omega t)$$

** **Frequenzmodulation (FM)**

Man ändert nur die Frequenz der Welle

$$\omega = \omega_o (1 + m \cdot \cos \Omega t)$$

*** **Phasenmodulation (PhM)**

Man ändert nur die Anfangsphase der Welle

$$\alpha = \alpha_O (1 + m_\alpha \cos \Omega t)$$

wobei ω_O und Ω die Kreisfrequenzen der Trägerwelle und der Modulation sind.

$(W_O \gg \Omega)$

m ist der Koeffizient der Modulation

$\Delta \omega = m \cdot \omega_O$ die Amplitude der schwingenden

Frequenz bei der FM

$\Delta \alpha = \alpha_O m_\alpha$ die Amplitude der schwingenden

Anfangsphase bei der PhM.

Bei Radiosendungen ist die Modulationsfrequenz niedrig. Sie liegt im Frequenzbereich des Schalls (16-20 000 Hz). Es besteht auch keine starre Grenze für die Trägerfrequenzen. Diese ergeben sich aufgrund der Besonderheiten der Ausbreitung von Radiowellen verschiedener Wellenlänge in der Atmosphäre.

Starken Funkverkehr gibt es im Bereich

der Langwellen $(\lambda = 10^3 - 10^4$ m; $v = 30$ bis 300 kHz)

der Mittelwellen $(\lambda = 10^2 - 10^3$m; $v = 0{,}3$ bis 3 MHz)

der Kurzwellen $(\lambda = 10 - 100$ m; $v = 3 - 30$ MHz)

Jede Funksendestelle enthält in ihrem Aufbau die folgenden Grundelemente:

- einen Generator für ungedämpfte elektromagnetische Schwingungen mit der Trägerfrequenz

- einen Modulator und

- eine Sendeantenne, welche die Radiowellen in die gewünschte Richtung abstrahlt.

Eine Empfangsantenne setzt die Energie der Radiowellen in die Energie hochfrequenter elektromagnetischer Schwingungen um.
Der Radioempfänger führt die Schwingungen aus, die vom Funksender angeregt werden, verstärkt sie und entmoduliert sie, d.h. trennt die modulierende Schwingung niedriger Frequenz von der hochfrequenten Trägerschwingung.

Die verstärkten Modulationsschwingungen werden dann den reduzierenden Geräten zugeführt (Lautsprecher, Kopfhörer, Fernsehschirm u. ä.).

Die Bildübertragung bei der Television erreicht man durch die Modulation elektromagnetischer Trägerwellen in Übereinstimmung mit einer Markierung der verschiedenen kleinen Teile eines Objektes, dessen Bild man übertragen will.

Bei der Television verwendet man Ultrakurzwellen im Meterbereich (λ = 1 - 10 m; ν > 30 MHz).

Mit Hilfe spezieller Vorrichtungen überstreicht der Elektronenstrahl den Bildschirm in horizontaler und vertikaler Richtung synchron mit der Übertragung der Bildelemente vom Sender. Die unterschiedliche Helligkeit in den verschiedenen Punkten des Bildschirmes erzielt man durch eine Modulation der Elektronenstrahlintensität in Übereinstimmung mit der Modulation der empfangenen elektromagnetischen Welle.

Die Ausbreitung der Radiowellen n der Atmosphäre wird stark von der Diffraktion (Beugung) der Radiowellen an der Erdoberfläche sowie durch deren Absorption in der Atmosphäre und in der Erdkruste beeinflußt.

Die Beugung der Radiowellen untersucht man durch die Lösung der Maxwell´ schen Gleichungen für gegebene Strahlungsquellen und für gegebene Grenzbedingungen an der Grenzfläche Erde - Atmosphäre.

Bei der Behandlung der Probleme der Beugung (Diffraktion) der Radiowellen wird in erster Näherung angenommen, daß die Atmosphäre homogen ist und ihre Dielektrizitätskonstante und magnetische Permeabilität gleich 1 sind ($\varepsilon = \mu = 1$). Die Brechung der Radiowellen wird nicht berücksichtigt.

Üblicherweise untersucht man die Beugung an einer ideal kugelförmigen Erdoberfläche mit eigenen elektrischen und magnetischen Eigenschaften gesondert von der Beugung am Relief der Erdoberfläche (Berge, Vertiefungen u. ä.). Die Beugung an der Erdoberfläche entspricht dem Untergang (Anfang) der Radiowellen in den geometrischen Schatten hinter dem Horizont, die Beugung am Relief der Erdoberfläche der Streuung der Radiowellen an Hindernissen, deren Länge mit der Wellenlänge vergleichbar oder kleiner als diese ist.

Die Beugung der Radiowellen an der Erdoberfläche ermöglicht einen Langwellen-Funkverkehr mit Hilfe von Oberflächenwellen, die an der Erdoberfläche gestreut werden. Auch die Reflexion an der Erdoberfläche ist von Einfluß, ebenso wie die Absorption, Reflexion und Brechung durch die Ionosphäre, der obersten Schicht der Atmosphäre, die infolge der Ultraviolett-, Röntgen- und Korpuskularstrahlung der Sonne stark ionisiert ist.

Den stabilen Funkverkehr auf weite Strecken erzielt man mit Langwellen, die die Erdkrümmung aufgrund der Diffraktion und Brechung (Refraktion) in der Troposphäre überwinden und die verhältnismäßig wenig tief in die Ionosphäre eindringen und von dieser nur schwer absorbiert werden.

In der Reichweite der Mittelwellensender besteht zwischen Tag und Nacht ein starker Unterschied. Das hängt damit zusammen, daß die Mittelwellen äußerst stark von der untersten D-Schicht der Ionosphäre absorbiert und von der höher gelegenen E-Schicht reflektiert werden.

In der Nacht verschwindet die D-Schicht mangels Sonnenstrahlung, und die Reichweite der Mittelwellensender wächst stark an.

Kurzwellen werden von der D-Schicht absorbiert und von der noch höher als E gelegenen F-Schicht reflektiert. Aufgrund dieser Tatsachen ist die Reichweite der Kurzwellensender groß.

Ultrakurzwellen mit $\lambda < 5$ m werden unter den üblichen Bedingungen von der Ionosphäre nicht reflektiert. Eine Primärwelle, die sich nahe der Erdoberfläche ausbreitet, wird von dieser stark absorbiert. Daher ist ein zuverlässiger Empfang dieser Wellen nur in Bereichen direkter Sicht möglich, d.h. an Empfangsorten, die im Gesichtskreis der Sendeantennen liegen.

Zur Erzielung eines größeren Wirkungsbereichs von Fernsehsendern verwendet man eine Folge von Relaisstationen, die das empfangene Signal verstärken und gleichzeitig weitersenden.

Unter Funkortung (Radar) versteht man die Anzeige und Ortung verschiedener Gegenstände mit Hilfe von Radiowellen. Die Funkortung beruht auf der Reflexion oder Streuung von Radiowellen an Körpern.

Ein Radargerät besteht aus einer Kombination eines Ultrakurzwellensenders mit einem Radioempfänger, die mit einer Richtantenne als gemeinsame Sende- und Empfangsantenne ausgestattet ist. Die Ausstrahlung erfolgt in Form kurzer Impulse, deren Dauer ungefähr 10^{-6} ist. In der Zeit zwischen zwei aufeinander folgenden Impulsen wird die Strahlungsantenne automatisch auf den Empfang der Signale umgeschaltet, die vom Zielkörper reflektiert werden. Den Abstand zum Ziel bestimmt man aus der Größe des Zeitintervalls zwischen Sendung und Empfang des reflektierten Signals.

Bei der Funkortung verwendet man Ultrakurzwellen im Dezimeter-, Zentimeter- und Millimeterbereich, da der gewünschte Effekt um so stärker in Erscheinung tritt, je größer die georteten Körper im Verhältnis zur Wellenlänge λ sind.

Die Radioastronomie ist ein Teil der Strahlenphysik, der die Eigenstrahlung kosmischer Objekte im Bereich der Ultrakurzwellen (im wesentlichen der Zentimeter- und Dezimeterwellen, die von der Ionosphäre und den Gasen der Erdatmosphäre nur schwach absorbiert werden) untersucht.

In der Radioastronomie bedient man sich der Funkortung zur genauen Bestimmung der Planeten- und Satellitenbahnen unseres Sonnensystems und der Bahnen und Geschwindigkeiten von Meteoren.

Aufgrund der Funkortung der Venus 1962 wurde die Größe der astronomischen Einheit, das ist der mittlere Abstand zwischen Erde und Sonne

1 AE = 149 598 100 ± 750 km

festgelegt.

Die Radioastronomie ermöglicht es, mit Hilfe von Radioteleskopen (Geräte, die man verwendet zum Empfang und zur Untersuchung ultrakurzwelliger Ausstrahlung), Temperaturen und physikalische Eigenschaften der Oberflächenschichten von Planeten unseres Sonnensystems zu bestimmen. Die systematische Beobachtung der Sonnenstrahlung im genannten Wellenbereich ermöglicht es, Voraussagen über Verstärkung der Sonnenaktivität zu machen, derzufolge es auf der Erde zu Magnetstürmen kommt, die im Kurzwellenfunk Störungen bewirken.

In diesem Abschnitt werden wir mit Hilfe der Maxwell´ schen Gleichung einige Tatsachen beweisen.

Auf diese Weise werden wir nicht nur „unsere Grundlagen festigen", sondern auch die Vorarbeit für ein besseres Verständnis der elektromagnetischen Wellen im dreidimensionalen Raum leisten.

Die Maxwell´ schen Gleichungen im Vakuum lauten:

- $\dfrac{\partial E}{\partial t} = c^2 \, \nabla \times B$

- $\dfrac{\partial B}{\partial t} = -\nabla \times E$

- $\nabla . E = \rho$

- $\nabla . B = O$

Die zur Beschreibung elektromagnetischer Wellen in absorbierenden Medien verwendete Algebra läßt sich durch Benutzung komplexer Zahlen vereinfachen. Hier kann die Absorption nicht vernachlässigt werden, da für zeit(un)abhängigen Felder die elektrische Suszeptibilität χ und magnetische Suszeptibilität χ_m eines linearen isotropen Mediums definiert ist durch

$$P_x (x, y, z) = \chi (x, y, z) \, \varepsilon_0 \, E_x (x, y, z)$$

$$M_x (x, y, z) = \dfrac{\chi_m}{\mu.\mu_0} \, B_x (x, y, z)$$

wobei

$$E_x (\omega t) = E_0 \cos (\omega t - \varphi)$$

ε = Dielektrizitätskonstante, $\qquad \varepsilon \, E_x = E_x + \dfrac{P_x}{\varepsilon_0}$

μ = Permeabilität $\qquad \dfrac{1}{\mu} \, Bx = B_x - \mu_0 \, M_x$

$\varepsilon = 1 + \chi$

$\dfrac{1}{\mu} = 1 - \dfrac{\chi_m}{\mu}$

ist.

Für die Maxwell´ schen Gleichungen für ein neutrales, homogenes, lineares, isotropes Medium:

Wir haben nicht angenommen, daß die Eigenschaften des Mediums (hier die Luft) an jedem Ort gleich sind. Bei unserem einfachen Modell können wir z.B. davon ausgehen, daß die Teilchendichte eine Funktion des Ortes ist, also n = n (x, y, z).

ε hängt zuerst nicht von x, y, z ab

μ hängt auch nicht von x, y, z ab

ρ = o, neutrales Medium

Das heißt, es handelt sich um ein homogenes Medium. Unser einfaches Modell stellt ein neutrales Gas dar.

Die Maxwell´ schen Gleichungen werden dann

$$\nabla \times B = \frac{\mu\,\varepsilon}{c^2}\,\frac{\partial E}{\partial t}$$

$$\nabla \times E = -\frac{\partial B}{\partial t}$$

$$\nabla . B = O$$

$$\nabla . E = O$$

ε und μ sind komplex sowie E und B.

$$\nabla^2 B - \frac{\mu\,\varepsilon}{c^2}\,\frac{\partial^2 B}{\partial t^2} = O$$

$$\nabla^2 \psi(x, y, z, t) = \frac{\mu\,\varepsilon}{c^2}\,\frac{\partial^2 \psi(x, y, z, t)}{\partial t^2}$$

$$\nabla^2 E - \frac{\mu\,\varepsilon}{c^2}\,\frac{\partial^2 E}{\partial t^2} = O$$

$\Psi(x,y,z,t)$ bedeutet hier irgendeiner der sechs Größen E_x, E_y, E_z, B_x, B_y, B_z

3.4 Messung der Intensität elektromagnetischer Strahlung

Die Augen und die Wärmepunkte in den Lidern sind insofern für viele Strahlennachweisgeräte typisch, als sie eine Charakteristik aufweisen:

Sie sprechen auf die einfallende Intensität an. Die Bestimmung der Solarkonstanten liefert

$$S = \frac{P}{4\pi R^2} \qquad \text{Solarkonstante}$$

mit

P = Nennleistung

R = Distanz

S beträgt laut Handbook of Physics and Chemistry am oberen Rand der Erdatmosphäre

$$S = 1,35 \frac{KW}{m^2}$$

Was bewirkt die Emission elektromagnetischer laufender Wellen? Die Musik zum Beispiel. Die Wellen können als Überlagerung harmonischer Partialwellen aufgefaßt werden, die ein bestimmtes Band $\nabla\omega$ einnehmen, in dessen Mitte ω_{mit} liegt. Oder man kann sie als eine einzelne, fast harmonische Welle ansehen.

Die Modulationen breiten sich mit der Geschwindigkeit

$$\frac{\Delta\omega}{\Delta K}$$

durch das Medium, die Luft, die Ionosphäre usw. aus.

Nun betrachten wir einige physikalische Beispiele. Im Falle elektromagnetischer laufender Wellen werden wir uns nicht auf MW-Radiofrequenzen ($\nu \sim 10^3 Hz$) beschränken, sondern vielmehr auch die Frequenzen des sichtbaren Lichtes ($\nu \sim 10^{15}$ Hz), Mikrowellenfrequenzen ($\nu \sim 10^{10}$ Hz) und andere Frequenzen einbeziehen.

Für elektromagnetische Strahlung im Vakuum lautet die Dispersionsrelation

$$\omega = c\,k\,.$$

Für Phasen- und Gruppengeschwindigkeit gelten die Beziehungen

$$v_\varphi = \frac{\omega}{k} \qquad \text{und} \qquad v_g = \frac{d\omega}{dk} = c$$

Daher ist im Vakuum sowohl die Phasen- als auch die Gruppengeschwindigkeit des Lichts oder anderer elektromagnetischer Strahlung gleich c. Modulationen breiten sich also mit der Geschwindigkeit c aus.

Bemerkung:

Lichtwellen im Vakuum sind dispersionsfrei, ihre Phasengeschwindigkeit hängt also nicht von der Frequenz bzw. Wellenzahl ab.

Hörbare Schallwellen für die

$$\omega = \sqrt{\frac{\gamma P_0}{\rho_0}}\, k$$

gilt sowie Transversale Wellen,

für die Beziehung

$$\omega = \sqrt{\frac{T_0}{\rho_0}}\, k$$

gilt, sind dispersionsfreie Wellen.

- Die Intensitätseinheit für sichtbares Licht ist das Candela. Es entspricht der Lichtstärke, mit der $1/6 \cdot 10^{-5}$ m^2 der Oberfläche eines schwarzen Strahlers bei der Temperatur des beim Druck 101325 Pa erstarrenden Platins senkrecht zu seiner Oberfläche leuchtet.

Wie lauten dreidimensionale Wellengleichung und klassische Wellengleichung?

Für jede dreidimensionale sinusförmige harmonische Welle - ob stehend, laufend oder von einem Mischtyp - gelten die folgenden Beziehungen:

- $$\frac{\partial^2 \psi}{\partial x^2} = k_x^2 \psi$$

- $$\frac{\partial^2 \psi}{\partial y^2} = k_y^2 \psi$$

- $$\frac{\partial^2 \psi}{\partial z^2} = k_z^2 \psi$$

- $$\frac{\partial^2 \psi}{\partial t^2}(x, y, z, t) = w^2 \psi(x, y, z, t)$$

Mit Hilfe dieser Gleichungen finden wir die folgenden Wellengleichungen entsprechend:

a)   Elektromagnetische Wellen im Vakuum

$$\frac{\partial^2 \psi}{\partial t^2} = c^2 \left(\frac{\partial^2 \psi}{\partial x} + \frac{\partial^2 \psi}{\partial y} + \frac{\partial^2 \psi}{\partial z} \right)$$

b)   Elektromagnetische Wellen in der Ionosphäre

$$\frac{\partial^2 \psi}{\partial t^2} = w^2_p \psi + c^2 \nabla^2 \psi$$

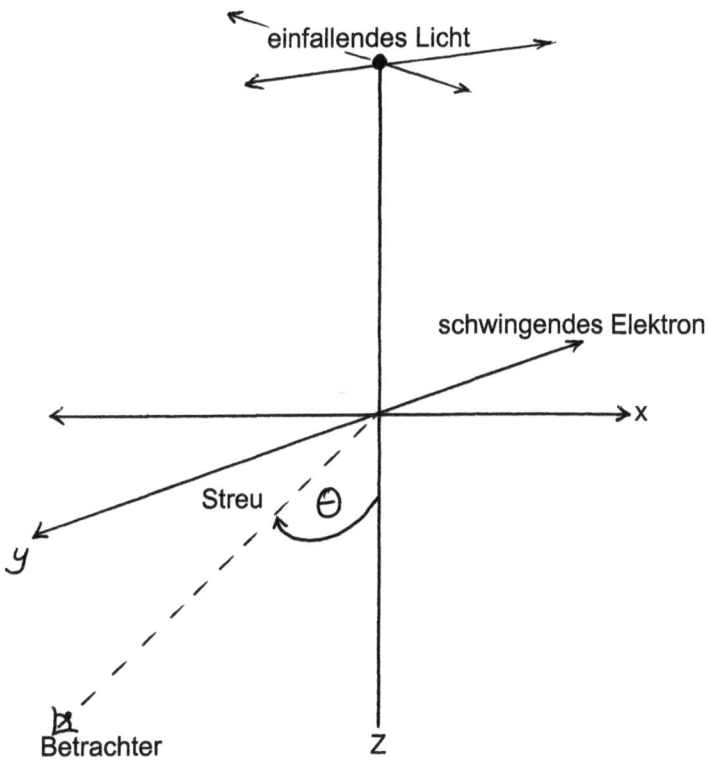

einfallendes Licht

schwingendes Elektron

x

Streu

Θ

y

Betrachter

Z

Abb. 5   Einfallendes Licht

3.5 Elektromagnetische Wellen in der Erdatmosphäre

Wir wollen untersuchen, weshalb die Wärme nicht Zeit hat, von einem Verdichtungsbereich in einen Verdünnungsbereich zu strömen und so die Temperatur auszugleichen. Damit der Wärmestrom die Temperatur überall konstant halten könnte, müßte die Wärme eine halbe Wellenlänge (von einem Verdichtungs- zu einem Verdünnungsbereich) in einer Zeit durchströmen, die gegenüber einer halben Schwingungsdauer kurz ist - nach einer halben Schwingungsdauer werden die Verdichtungs- und Verdünnungsbereiche ihre Plätze vertauscht haben.

Um einen hinreichend raschen Wärmestrom zu erhalten, würde man also benötigen v (Wärmestrom) > $\dfrac{\frac{1}{2}\lambda}{\frac{1}{2}T}$

Es zeigt sich, daß der Wärmestrom hauptsächlich von der Wärmeleitung herrührt, d.h. von der Übertragung translatorischer kinetischer Energie von einem Luftmolekül auf ein anderes durch Stöße.

Bei einem Luftmolekül der Masse m, das sich in Luft mit der absoluten Temperatur T befindet, gilt

$$\frac{kT}{m} = <v_y{}^2>^{1/2} = v_{th}$$

wobei   k die Bolzmannkonstante ist

v_{th} = thermische Geschwindigkeit

v_y = translatorische Geschwindigkeit in einer vorgesehenen

z- Richtung.

$$\frac{\lambda}{T} = V_{schall} = \sqrt{\frac{\gamma\,P_0}{\rho_0}} = \sqrt{\frac{\gamma\,kT}{m}} = \text{Schallgeschwindigkeit}$$

Doch statt Strecken von der Größenordnung ½ λ geradlinig zu durchlaufen, schlagen die Moleküle eine Bahn mit Zufallscharakter ein und legen bei Luft im Normalzustand zwischen den Stößen nur Strecken von der Größenordnung 10^{-7} zurück.

Daher ist, solange die Wellenlänge groß gegenüber 10^{-7} ist, das adiabatische Gesetz eine sehr gute Näherung. Die kürzeste Wellenlänge bei hörbaren Schallwellen entspricht

$$v \approx 20\ 000\ \text{Hz},$$

hier gilt $\lambda = v/v \approx 332 / 2 . 10^{-4} = 0,016\ \text{m}$

Die Ionosphäre ist ein dispersives Medium. Weshalb sind die elektromagnetischen Wellen sinusförmig? Dies trifft für typische Ultrakurzwellen oder Fernsehfrequenzen um 100 MHz zu.

Die Dispersionsrelation für sinusförmige Wellen lautet bei Frequenzen oberhalb der Grenzfrequenz $v_p \approx 20$ MHz

$$\omega^2 = \omega_p + c^2\ k^2$$

$$2\ \omega\ \frac{d\omega}{dk} = 2\ c^2 k \quad \Leftrightarrow \quad \frac{\omega\ d\omega}{k\ dk} = c^2 = v_\Phi\ v_g$$

daher lauten Phasen- und Gruppengeschwindigkeit

$$v = c^2 + \frac{\omega_p{}^2}{k^2} \geq c$$

$$v_g = c\left(\frac{c}{v_\Phi}\right) \leq c$$

65

	praktische Einheiten		Größenordnung	
Benennung der elektromagnetischen Strahlung	λ	**hv, v, v/c**	λ **cm**	**v Hz**
Bremsstrahlung (maximale Energie) von Elektronen-Linearbeschleunig. Stanford	0,067 F	18 G eV	10^{-16}	10^{24}
typisches Elektron-Synchrotron Gammastrahlen	4 F	300 M eV	10^{-15}	10^{23}
Zerfall des neutralen pi-Mesons $\pi^\circ \rightarrow 2\gamma$	19 F	67 M eV	10^{-14}	10^{22}
	100 F	10 M eV	10^{-13}	10^{21}
	10-2 nm	100 k eV	10^{-11}	10^{19}
Röntgenstrahlen (angeregte Atome) oder Elektronenbremsstrahlung	10 nm	100 eV	10^{-8}	10^{16}
Ultraviolettes Licht (angeregte Atome) Sichtbares Licht, Sichtbarkeitsgrenze bei Dunkelblau	390 nm	2,5 eV	10^{-7}	10^{15}
blaues Licht einer Quecksilberdampf-Straßenlampe	435,8 nm	22,940 cm-1		
grünes Licht einer Quecksilberdampf-Straßenlampe	546,1 nm	18,310 cm-1		
gelbes Licht einer Quecksilberdampf-Straßenlampe	577,0 nm	17,330 cm-1		
rotes Licht eines Neon-Lasers Sichtbares Licht, Sichtbarkeitsgrenze bei Dunkelrot	632,8 nm	15,800 cm-1		
Infrarot	760 nm	1,6 eV	10^{-6}	10^{14}
vorherrschende Wärmestrahlung (hv≈3 kT) von Sonnenoberfläche (T≈6000 K) Zimmertemperatur (T≈300 K)	1μm	1 eV	10^{-6}	10^{-14}
der Entstehung des Universums her (3K)	20 μm	15,000 GHz	10^{-5}	10^{13}
	2 mm	150 GHZ	10^{-3}	10^{11}
Mikrowellen und Radiowellen Ammoniakuhr	1,5 cm	20 GHz	10^{-2}	10^{10}
Radar (S-Band)	10 cm	3 GHz	10^{-1}	10^{9}
Linie des interstellaren Wasserstoffs	21 cm	1,5 GHz	10^{-1}	10^{9}
	37 cm	800 MHz	10^{-1}	10^{9}
UHF-Fernseh-Trägerfrequenzen	75 cm	400 MHz	10^{0}	10^{8}
gewöhnliche Fernseh-Trägerfrequenzen (VHF)	1,5...5,5 m	210...55 MHz	10^{0}	10^{8}
UKW-Rundfunk (VHF)	2,8...3,4 m	108...88MHz	10^{0}	10^{8}
	10 m	30 MHz	10^{1}	10^{7}
Amateurfunkbänder (HF)	100 m	3 MHz	10^{2}	10^{6}
Trägerfrequenzen des kommerziellen MW-Rundfunks (MF)	200 m	1500 k Hz	10^{2}	10^{6}
	600 m	500 k Hz	10^{3}	10^{5}
Hörfrequenzen (VLF)	10 km	30 k Hz	10^{4}	10^{4}
	10^4 km	30 Hz	10^{7}	10^{1}

Tab.5   Das   elektromagnetische   Spektrum

4. Die Absorption elektromagnetischer Wellen

4.1 Definition

Unter Absorption versteht man das „Verschlucken" eines Teils einer Wellen- oder Teilchenstrahlung und damit die Schwächung ihrer Intensität beim Durchgang durch Materie, auch beim Auftreffen auf einen Körper, an dem sie teilweise reflektiert wird.

Die Energie des absorbierten Anteils wird dabei in Wärme umgewandelt (Absorptionswärme) oder zur Anregung, gegebenenfalls auch zur Ionisierung der Atome der Moleküle des durchstrahlten oder bestrahlten Stoffes verbraucht. Da die Atome oder Moleküle eines Stoffes bei der Anregung in höhere Energieniveaus nur ganz bestimmte Energiebeträge (Quanten)

$E = h \cdot \nu$ (h = Planck' sches Wirkungsquantum, ν = Frequenz)

aufnehmen können, werden gewöhnlich nur bestimmte Frequenzen bzw. Wellenlängen (d.h. beim Licht bestimmte Farben) der einfallenden Strahlung bevorzugt absorbiert (selektive Absorption, Linienabsorption).

Fällt z.B. „weißes" Licht (d.h. Licht, das alle Wellenlängen des sichtbaren Spektralbereichs mit gleicher Intensität enthält) auf ein „rotes" Glas, so werden fast alle in diesem Licht enthaltenen Farben absorbiert, nur Rot geht nahezu ungehindert hindurch.

Von einer kontinuierlichen Absorption spricht man, wenn Strahlung eines breiten Wellenlängengebietes im Spektrum absorbiert wird (bei Ionisation und bei Absorption an festen Körpern, etwa an Staubpartikeln).

Infolge der Absorption (und Streuung an kleinen Schwebeteilchen) kann das Sonnenlicht auch nicht in größere Meerestiefen durchdringen; der rote Anteil ist in etwa 9 m Tiefe schon vollständig absorbiert, unterhalb von 1000 m herrscht totale Finsternis. Nahezu vollständige Absorption erfolgt z.B. auch beim Auftreffen „weißen" Lichts auf eine mit Ofenruß bedeckte Fläche, sie erscheint daher schwarz.

Die Stärke der Absorption wird durch das Absorptionsvermögen (den Absorptionsgrad) charakterisiert, das ist das Verhältnis der im Medium absorbierten Intensität zur auftreffenden - nach anderer Definition: zur eindringenden - Strahlungsintensität, in der Photometrie und Lichttechnik auch das Verhältnis von absorbiertem Lichtstrom zum einfallenden Lichtstrom.

Der Reinabsorptionsgrad für optisch klare Stoffe ist durch die Beziehung

$$\alpha_i = (\Phi_i - \Phi_e) / \Phi_i$$

definiert, wobei Φ der eindringende Lichtstrom ist (auffallender minus reflektierender Lichtstrom, Φ_e der aus dem Medium wieder austretende).

Für die Intensität I einer Absorption unterworfenen Wellenstrahlung nach Durchqueren eines Mediums der Schichtdicke d gilt das Absorptionsgesetz

$$I = I_0 \cdot \exp^{-kd}$$

Hierbei ist I_0 die Intensität beim Eintreten in das absorbierende Medium. K wird als Absorptionskonstante der Absorptionskoeffizient bezeichnet. In Verbindung mit der reinen Absorption tritt häufig auch Streuung auf, man spricht dann von Extinktion, bei geringen Streuanteilen oft jedoch auch von Absorption [im erweiterten Sinne].

Bei Verwendung von monochromatischer Wellenstrahlung der Vakuumwellenlänge λ gilt für die Absorptionskonstante die Beziehung

$$K = 4 \pi n K / \lambda$$

wobei der Brechungsindex n und der sogenannte Absorptionsindex K die optischen Konstanten des Mediums sind. Die Größe nk bezeichnet man als Absorptions- oder Extinktionskoeffizient.

Absorption von Licht in durchstrahlten Lösungen ist

das Beer´ sche Gesetz oder

das Lambert-Beer´ sche Gesetz.

Die Absorption einer Korpuskularstrahlung ist wesentlich von der Art der Teilchen, von ihrer Energie sowie von dem „Mechanismus" abhängig, der zu einer Schwächung der Strahlungsintensität führt.

Die Absorption von Elektronen (Betastrahlen) wird vor allem durch die Streuung bestimmt, die von Alphastrahlen und Photonen durch die Energieverluste, die diese Teilchen infolge Ionisation der Atome bzw. Moleküle der durchstrahlten Materie erfahren.

Die Absorption der (ungeladenen) Neutronen zeigt dagegen - wie die einer Wellenstrahlung - annähernd exponentielle Abhängigkeit von der Dicke der von der Strahlung durchsetzten Materie.

Aufnahme von Gasen durch Flüssigkeiten oder feste Körper, die im Gegensatz zur Adsorption zu einer gleichmäßigen Verteilung (Lösung) im Innern des absorbierenden Stoffes führt.

Nach dem (von dem englischen Physiker und Chemiker W. Henry, * 1774, ✝1836, im Jahre 1803 aufgestellten) Henry´ schen Absorptionsgesetz ist die bei gegebener Temperatur von einer Volumeneinheit einer Flüssigkeit absorbierte Gasmenge dem Partialdruck P des ungelöst über der Flüssigkeit verbleibenden Gases proportional.

Es gilt streng genommen nur für ideale Gase und für solche Lösungen, in denen keine Dissoziation und Hydratation erfolgt. - Beim Öffnen einer Schaumwein- oder Mineralwasserflasche (deren Inhalt bei der Herstellung unter erhöhtem Druck Kohlendioxid, CO_2, absorbiert), entweicht z.B. das bei geschlossener Flasche über der Flüssigkeit komprimierte CO_2; da dem geringeren Druck eine geringere Absorptionsfähigkeit der Flüssigkeit entspricht, wird das überschüssige CO_2 frei, der Schaumwein „perlt".

Die Absorption nimmt im allgemeinen mit steigender Temperatur ab (bei der Erwärmung von Mineralwasser entweicht daher CO_2). Ein Liter Wasser absorbiert z.B. bei 0°C, 20°C und 60°C folgende Gasmengen in cm^3

		0 °C	20 °C	60 ° C
H	Wasserstoff	21,5	18,4	16,0
O	Sauerstoff	48,9	31,0	19,5
N	Stickstoff	23,5	15,4	10,2
	Luft	28,9	18,7	12,2
CO_2	Kohlendioxid	1713,0	878,0	359,0

Tab. 6   Absorption mit steigender Temperatur

Die Stärke der Absorption wird durch den Absorptionskoeffizienten, den Proportionalitätsfaktor im Henry schen Absorptionsgesetz charakterisiert.

- Der Bunsen´ sche Absorptionskoeffizient ist gleich dem von einer Volumeneinheit des absorbierenden Stoffes bei einer bestimmten Temperatur und bei einem Partialdruck von 760 Torr absorbierten Gasvolumen (auf den physikalischen Normzustand umgerechnet).

- Der Kuen´ sche Absorptionskoeffizient gleicht dem auf den physikalischen Normzustand umgerechneten Gasvolumen (im cm^3), das bei einer bestimmten Temperatur von der Masseneinheit (g) des absorbierenden Stoffes bei einem Partialdruck von 760 Torr absorbiert wird.

- Der Raoultische Absorptionskoeffizient gleicht der Masse des Gases (in g), die von 100 cm^3 bei einem Partialdruck von 760 Torr von dem absorbierenden Stoff aufgenommen wird.

4.2 Das Absorptionsspektrum

Bei der selektiven Absorption bestimmter Wellenlängen bzw. Frequenzen entstehendes Spektrum.

Wird z.b. ein absorbierendes Medium von "weißem" Licht durchsetzt, so beobachtet man bei der spektroskopischen Untersuchung des hindurchgegangenen Lichtes bestimmte dunkle Linien, sogenannte Absorptionslinien, auf dem hellen Untergrund des kontinuierlichen Spektrums, so z.b. auch im Sonnenspektrum: Die Atome der Sonnen-, aber auch der Erdatmosphäre absorbieren aus dem kontinuierlichen Emissionsspektrum der Photosphäre bestimmte Wellenlängen bzw. Frequenzen heraus, die als dunkle Fraunhofer-Linien (nach T. von Fraunhofer, der sie - unabhängig von W.H. Wollaston - entdeckte und im Jahre 1814 ein Verzeichnis von über hundert Absorptionslinien aufstellte) im Spektrum erscheinen, auch Selbstabsorption genannt.

Besteht der absorbierende Stoff nicht aus einzelnen Atomen, sondern aus Molekülen, so beobachtet man eine Vielzahl eng benachbarter Absorptionslinien, sogenannte Absorptionsbanden. Starke Häufung von Absorptionslinien kann bis zur völligen Undurchlässigkeit für Strahlung dieses Wellenlängenbereichs führen; z.B. verhindern in der Erdatmosphäre die Absorptionsbanden des Ozons und Sauerstoffs, daß Strahlung mit einer kürzeren Wellenlänge als 3000 Å bis zur Erdoberfläche gelangt.

4.3 Die Absorption schwach absorbierender Substanzen

Obwohl die Maxwell´sche Theorie der Elektrizität die Wellennatur elektromagnetischer Strahlung erkennen läßt, so reicht sie in der Form sicher nicht aus. Aus ihr folgt zwar für die Lichtgeschwindigkeit

$$v = c / \sqrt{\varepsilon_r}$$

wenn ε die Permittivitätszahl des Mediums ist, aber die Frequenzabhängigkeit (Dispersion) der Brechzahl $n = \sqrt{\varepsilon}$ wird durch diese Theorie nicht erklärt.

Der beobachtete Zusammenhang zwischen Absorption und anormaler Dispersion läßt vermuten, daß bei der Einwirkung elektromagnetischer Strahlung auf elektrisch geladene Bestandteile der Materie Resonanzerscheinungen eine Rolle spielen.

*   Ist das Licht eine elektromagnetische Wellenerscheinung, so wird jede Lichtwelle Kräfte auf die elektrischen Ladungen der Moleküle ausüben, mit anderen Worten, eine Polarisation P erzeugen, indem die Ladungen aus ihrer Ruhelage ein wenig verschoben werden.

*   Nur wenn außer dem magnetischen Feld der Lichtwelle noch ein starkes statisches Magnetfeld vorhanden ist, müßte das magnetische Kraftglied berücksichtigt werden.

Wenn also ein positiv oder negativ geladenes Teilchen die Masse m_h hat, durch eine Direktionskraft $a_v^2 \, v_h$ an seine Ruhelage gebunden ist und außerdem einer der Geschwindigkeit v_h proportionalen Reibungskraft $f_h \, v_h$ unterliegt, so führt es unter dem Einfluß der Lichtwelle, deren elektrischen Vektor wir mit E bezeichnen, eine erzwungene Schwingung nach der Gleichung aus

$$F \approx m \frac{d^2 v}{dt^2} + f \frac{dv}{dt} + a^2 v = q \, F \quad \text{Näherung}$$

Diese Gleichung ist der Ausdruck für das Gleichgewicht der Kräfte: Trägheitskraft, Reibungskraft, Direktionskraft, äußere Kraft. Dividiert man durch m_h, so folgt als Differentialgleichung der erzwungenen Schwingungen

$$\frac{d^2 v}{dt^2} + \frac{f}{m} \frac{dv}{dt} + \omega^2 v = \frac{q}{m} \, E_0 \exp(i\omega t)$$

Wir haben die verschiedenen Teilchenarten mit dem Index h gekennzeichnet.

Dabei ist $a^2_h / m_h = \omega^2_h$ gesetzt, die Kreisfrequenz $w_h = 2 \pi v h$ (v_h die Frequenz der Eigenschwingung), ω = die Kreisfrequenz der einfallenden Welle. Statt mit den trigonometrischen Funktionen rechnen wir mit den komplexen Exponentialfunktionen, daher erhält die einfallende Welle den Zeitfaktor $e^{i\omega t}$. Bevor wir diese Gleichungen diskutieren, soll zunächst die physikalische Bedeutung der eben eingeführten Größen n und k festgestellt werden. Die elektrische Feldstärke einer ebenen elektromagnetischen Welle, die in Richtung der x-Achse fortschreitet, kann in komplexer Schreibweise dargestellt werden als

$$\varepsilon = E \exp(i\omega \, |t - x/v \,|) = E \exp(i\omega \, |t - x\sqrt{\varepsilon}/c \,|)$$

Real- oder Imaginärteil von ϵ entsprechen dann reellen Cosinus- oder Sinuswellen ist der Fortpflanzungsgeschwindigkeit v (genauer der Phasengeschwindigkeit v_p), die nach der Maxwell' schen Theorie gleich $c/\sqrt{\varepsilon}$ sein soll - wenigstens für die nichtabsorbierenden Medien.

Hier haben wir ε durch $\varepsilon = n^2 (1-ik)^2$ zu ersetzen und finden dann

$$\varepsilon = E_0 \exp(i\omega \, |t - x(n - ink \,|)$$

$$\varepsilon = E_0 \exp(i\omega \, |t - nx/c \,|) \exp(-\omega nkx/c)$$

Der Faktor $\exp(i\omega[t - nx/c])$

bedeutet eine ebene Welle, die mit der Geschwindigkeit v = d/n fortschreitet. n ist also die gewöhnliche Brechzahl.

Andererseits zeigt der reelle Faktor $\exp(-\omega nkx/c)$

daß die Welle räumlich gedämpft wird, wenn sie längs der x-Achse fortschreitet, d.h. es tritt Absorption ein.

Da $\omega/c = 2\pi v/c = 2\pi/\lambda$ ist, wenn λ die der Frequenz v entsprechende Vakuumwellenlänge ist, kann man auch schreiben:

$$\varepsilon = E_0 \exp(-2\Pi i n k x/\lambda) \exp(2\Pi i \, |t/T - nx/\lambda \,|)$$

Da die Strahlungsleistung (Energie/Zeit) ϕ proportional dem Quadrat des Absolutwerts der Feldstärke E ist, finden wir für die Strahlenleistung ϕ eine Gleichung von der Gestalt:

$$\Phi = \Phi_0 \exp(-4\,\Pi\, n\, k\, x\, /\lambda)$$

d.h. das Lambert´ sche Absorptionsgesetz

k = Absorptionsindex, $4\,\pi\, n\, k\, /\lambda = \alpha =$ Absorptionskoeffizient

4.4 Die Absorption der kurz- und langwelligen Strahlung

In diesem Kapitel werden Spektralanalyse, Emissions- und Absorptionsspektren untersucht. Die Dispersion des Lichtes bildet die Grundlage der von G. Kirchhoff und R.W. Bunsen (1859) begründeten Spektralanalyse. Die genannten Forscher fanden zuerst die grundlegende Tatsache, daß jedes Element unter geeigneten Bedingungen ein ganz bestimmtes und für dieses Element charakteristisches Spektrum aussendet.

Man kann daher aus dem Spektrum einer Lichtquelle auf die chemischen Elemente der in ihr vorhandenen leuchtenden Stoffe schließen. Die Erfahrung hat ergeben: Das Spektrum eines glühenden, festen oder flüssigen Körpers ist stets ein kontinuierliches Spektrum, das alle Wellenlängen enthält. Metalle, z.B. Platin, besitzen ein kontinuierliches Spektrum. Glühende Gase und Dämpfe verhalten sich anders. Sie liefern im allgemeinen diskontinuierliche Spektren, die nur aus einzelnen, durch dunkle Zwischenräume getrennten, scharfen Spektrallinien bestehen.

- Leuchtender Natriumdampf geringer Dichte erzeugt ein Spektrum, das im sichtbaren Gebiet aus zwei charakteristischen, eng beieinanderliegenden, gelben Linien besteht.
- Leuchtender Lithiumdampf geringer Dichte erzeugt zwei im Orange oder Rot liegende Spektrallinien.
- Atomarer Wasserstoff liefert ein Spektrum mit vier Linien: H_α ist rot, H_β grünblau, H_γ blauviolett, H violett.

- Leuchtender Quecksilberdampf besitzt im Sichtbaren sechs Linien.

Um scharfe und möglichst schmale Spektrallinien zu erhalten, darf die strahlende Schicht des Gases nicht zu dick und seine Dichte nicht zu groß sein. Die günstigen Bedingungen sind von Fall zu Fall empirisch festzustellen. Je dicker die leuchtende Gasschicht oder je dichter das Gas ist, desto mehr verbreitern sich die Linien.

Bei hinreichend hohem Gasdruck kann das ursprüngliche Linienspektrum sogar in ein kontinuierliches übergehen. Nach dem Einschalten einer anfangs kalten Quecksilber-Hochdrucklampe sieht man deutlich die Drucksteigerung durch Verbreitung der Spektrallinien bis zum Kontinuum. Außer dem Linienspektrum gibt es noch eine andere Art von diskontinuierlichen Spektren von Gasen, bei denen gesetzmäßige Annäherung sehr zahlreicher Linien an bestimmten Stellen auftritt, so daß bei kleiner Dispersion des benutzten Spektralapparates dieser Teil des Spektrums fast als kontinuierlich erscheint. Man nennt solche Linienanhäufungen Banden und die betreffenden Spektren Bandenspektren. Sowohl Linien- wie Bandenspektren erstrecken sich auch ins UV und IR.

Die Linienspektren sind Atomspektren, während die Bandenspektren bei Gasen von Molekülschwingungen herrühren. Beide Arten von Spektren sind charakteristisch für den emittierenden Körper, können also zu einer Identifizierung dienen: Spektralanalyse.

Alle bisher erwähnten Spektren sind Emissionsspektren, die von bestimmten Lichtquellen, sei es infolge hoher Temperatur, sei es infolge direkter elektrischer oder chemischer Anregung, ausgesandt werden.

Den Gegensatz hierzu bilden die Absorptionsspektren. Diese erhält man, wenn man zunächst ein kontinuierliches Spektrum erzeugt und in den Strahlengang einen Stoff bringt, der gewisse Wellenlängen absorbiert, so daß in dem ursprünglich kontinuierlichen Spektrum Lücken auftreten. Auch die Absorptionsspektren sind charakteristisch, so daß man sie ebenfalls zum Nachweis und zur Identifizierung der absorbierenden Stoffe benutzen kann.

Die bereits erwähnten Fraunhofer´ schen Linien im Sonnenspektrum sind Absorptionslinien. Sie kommen dadurch zustande, daß das vom leuchtenden Sonnenkern ausgehende kontinuierliche weiße Licht beim Durchgang durch die Sonnenatmosphäre selektive Absorption erfährt.

Es gibt Beweise, die das Versagen der Wellentheorie des Lichtes Begründen:

Eine Glühlampe von 100 Watt elektrischer Leistung liefert im Abstand von 1 m eine Bestrahlungsstärke von rund $7 . 10^{-5}$ W/cm^2. Dieses Licht soll auf ein lichtelektrisch besonders wirksames Metall, z.B. Na fallen. Wegen der hohen Reflexion dringen nur 10% des Lichts in das Metall ein, wo es innerhalb einer Strecke von etwa $1,5 . 10^{-6}$ cm vollständig absorbiert wird, d.h. in einem Volumen von 10^{-6} cm^3 an die dort befindlichen freien Elektronen abgegeben wird.

Da Natrium das Atomgewicht 23 und nahezu die Dichte 1 hat, entfallen auf dieses Volumen rund $4 . 10^{16}$ Atome und ebenso viele „freie" Elektronen. Von der absorbierten Energie ist aber nur ein Teil wirksam, dessen Wellenlänge unterhalb 0,543 µm, der langwelligen Grenze für Na, liegt. Das reduziert die für den lichtelektrischen Effekt zur Verfügung stehende Leistung auf $5 . 10^{-23}$ W. Das unsinnige Ergebnis dieses Beispiels ergibt sich unter der Voraussetzung, daß die Energie des Strahlungsfeldes gleichmäßig auf der Wellenfläche verteilt ist. J. J. Thomson hat im Jahr 1896 die Ionisation von Gasen durch Röntgenstrahlen gemessen. Er fand, daß nur etwa 10^{-6} bis 10^{-9} aller Atome oder Moleküle des durchstrahlten Raumgebiets durch die Röntgenstrahlen ionisiert werden. Zu dieser Zeit schwankte man noch zwischen Wellenauffassung oder Korpuskulartheorie der Röntgenstrahlen. Thomson hat schon damals darauf hingewiesen, daß seine Beobachtungen nicht für eine Wellentheorie sprechen können.

Da wir heute wissen, daß Röntgenstrahlen und Licht wesensgleich sind, zieht die Notwendigkeit einer Korpuskulartheorie für Röntgenstrahlen die gleiche Folgerung für Licht nach sich und umgekehrt.

Die Auffassung, daß die Energie der Elektronen aus der Strahlung stamme, ist also nach der klassischen Theorie unhaltbar, weil ihre Folgerungen dem Experiment widersprechen.

Es gibt Beweise, die das Versagen des Relativitätsprinzips der Mechanik in der Elektrodynamik begründen:

Da durch mechanische Versuche keine konstante Translationsgeschwindigkeit des Bezugssystems feststellbar ist, liegt die Frage nahe, ob diese Möglichkeit durch elektrodynamische und optische Experimente gegeben ist. Zur Beantwortung dieser Frage werden die Feldgleichungen der Elektrodynamik (Maxwell' sche Gleichungen) herangezogen. Bei Spezialisierung auf das Vakuum und unter der Annahme, daß im betrachteten Bereich keine felderzeugenden elektrischen Ladungen und Ströme vorhanden sind, lauten diese Gleichungen im internationalen Einheitensystem (S. I.)

$$\varepsilon_0 \, \mu_0 \, \frac{\partial E}{\partial t} = \text{rot } B$$

$$- \frac{\partial B}{\partial t} = \text{rot } E$$

$$\text{div } E = 0$$

$$\text{div } B = 0$$

Unter der hier angenommenen Vereinfachung folgt aus der Elektrodynamik, daß alle sechs Komponenten E (E_x, E_y, E_z) und B (B_x, B_y, B_z) der homogenen Wellengleichung genügen. Es gilt also z.B. für E_x:

$$\Delta E - \varepsilon \mu \frac{\partial E}{\partial t} = 0$$

wobei

$$\Delta = \frac{\partial^2}{\partial x^2} + \frac{\partial^2}{\partial y^2} + \frac{\partial^2}{\partial z^2} \quad \text{ist der Laplace Operator}$$

Daraus folgt weiter, daß eine punktförmige Lichtquelle elektromagnetische Kugelwellen aussendet, die sich isotrop in den Raum mit der Phasengeschwindigkeit

$$c = \sqrt{(\varepsilon_0 \, \mu_0)} = 3. \, 10^8 \quad m. \, s^{-1}$$

ausbreiten.

Ein Hinweis darauf, daß das Relativitätsprinzip der Mechanik in der Elektrodynamik versagen muß, ist bereits durch die Tatsache gegeben, daß die Phasengeschwindigkeit der Lichtwellen c in den Grundgleichungen der Elektrodynamik explizit auftritt.

$$\Delta E - \varepsilon_0 \, \mu_0 \, \frac{\partial^2 E}{\partial t^2} = 0$$

$$\Delta E - \frac{1}{c} \frac{\partial^2 E}{\partial t^2} = 0$$

Die Wellengleichung $\qquad \Delta \Psi - \varepsilon_0 \mu_0 \, \dfrac{\partial^2 \Psi}{\partial t^2}$

wird also durch Anwendung der Galilei-Transformation wesentlich abgeändert.

Es ergeben sich also deutliche Hinweise darauf, daß das Relativitätsprinzip der Mechanik in der Elektrodynamik und Optik versagt. Daher scheint es möglich zu sein, durch elektrodynamische bzw. optische Versuche eine konstante Translationsgeschwindigkeit, z.B. die der Erde, gegenüber einem ausgezeichneten Bezugssystem der Elektrodynamik zu bestimmen. Das erste grundsätzliche Experiment in dieser Richtung ist von A. Michelson (1887) durchgeführt worden.

Die Messung der Lichtgeschwindigkeit zeigt, daß die Kenntnis der Fortpflanzungsgeschwindigkeit des Lichtes, sehr wichtig für die Erforschung der Natur ist. Die Lichtgeschwindigkeit c im Vakuum (oder im leeren Raum) hat als Naturkonstante eine universelle Bedeutung und wird verwendet zur Berechnung anderer Werte.

-   Die Umwandelbarkeit von Materie (der Masse m) in Energie E nach der Relativitätstheorie Einsteins ist gekennzeichnet durch die Formel $E = mc^2$.

-   Zur Messung größerer Entfernungen werden kurze Impulse von Licht oder von elektromagnetischen cm-Wellen benutzt und die Zeit von der Aussendung bis zur Wiederkehr nach Reflexion an einem entfernten Spiegel gemessen. (Selbstverständlich ist hierbei zu berücksichtigen, daß der Strahl nicht im Vakuum, sondern in der Luft läuft; also eine etwas kleinere Geschwindigkeit hat. Deshalb ist auch die genaue Kenntnis der Brechzahl der Luft bei bestimmter Dichte und bei bestimmtem Wasserdampfgehalt wichtig.)

Die Lichtgeschwindigkeit im Vakuum ist von der Frequenz unabhängig und somit z.B. für sichtbares Licht, für Röntgenstrahlen (etwa 10^{-10} m Wellenlänge) und für lange Radiowellen (etwa 10^3 m Wellenlänge), also für alle elektromagnetischen, gleich. In Materie ist die Lichtgeschwindigkeit geringer als im Vakuum.

Das Verhältnis der Vakuumlichtgeschwindigkeit zur Geschwindigkeit des Lichtes in einem Stoff ist durch die Brechzahl n des Stoffes gekennzeichnet. Die Brechzahl ist von Stoff zu Stoff verschieden und ist außerdem von der Frequenz abhängig. In Gasen, z.b. in Luft, ist die Geschwindigkeit des sichtbaren Lichtes nur wenig geringer als im Vakuum, während in einigen festen und flüssigen Stoffen die Geschwindigkeit des sichtbaren Lichtes nur die Hälfte oder ein Drittel von derjenigen im Vakuum beträgt (Brechzahl n also 2 oder 3).

Die verschieden starke Brechung des Lichtes im Prisma erfolgt deshalb, weil das weiße Licht, das aus einem Gemisch von Wellen verschiedener Länge besteht, derart gebrochen wird, daß jeder Wellenzug entsprechend seiner Wellenlänge verschieden stark gebrochen wird. Wellenzüge, die ungefähr die gleiche Wellenlänge haben, rufen im Auge auch ungefähr den gleichen Farbeindruck hervor. Wir haben sieben Farben im Spektrum. Diese sind die Hauptfarben, die unsere Augen beim ersten Anblick des Spektrums unterscheidet. In Wirklichkeit enthält dieses unendlich viele Farben, die sich in stetigem Übergang zu dem kontinuierlichen Farbenband aneinanderschließen zur Dispersion und Absorption des Lichtes.

Bei den Gasen sind die Schwingungen und Rotationen der Moleküle ungestört. Man findet scharfe Absorptionen.

- Bei Experimenten stören besonders die Absorptionen durch den H_2O- und CO_2-Gehalt der Luft.

- Im Sonnenspektrum auf der Erde fehlen mehrere Spektralbereiche infolge dieser Absorptionen. Sie sind z.B. besonders stark bei folgenden Wellenlängen in (μm):

H_2O	H_2O	H_2O	CO_2 und H_2O	CO_2	CO_2	H_2O	CO_2
1,10	1,38	1,90	2,70	4,3	6,0	14,5	

Bei Metallen und einigen Halbleitern wird durch freie Elektronen eine Absorption des infraroten Lichtes verursacht. Die Elektronen übernehmen die Schwingungsenergie des Lichtes und strahlen selbst wieder, d.h. das Licht wird reflektiert.

Fensterglas von Bürohäusern und Personenwagen wird deshalb mit Metallen oder Halbleitern bedampft, damit das infrarote Sonnenlicht nicht in die Räume dringen und sie zu sehr erwärmen kann. Andererseits will man auch verhindern, daß die Wärme beheizter Räume infolge Strahlung durch die Fenster nach draußen gelangt. Erwünscht sind somit Gläser oder Schichten auf diesen, welche das sichtbare Licht vollständig hindurchlassen und das unsichtbare Infrarot vollständig reflektieren, d.h. eine möglichst steile Kante der Durchlässigkeit bzw. der Absorption bei etwa 0,7 μm haben.

Die Reflexion ist dann besonders wichtig, wenn vermieden werden soll, daß sich das Glas erwärmt.

Man kann auch Kunststoffolien auf das Glas kleben, die die Infrarotstrahlung absorbieren, d.h. in Wärme umwandeln (Wärmeschutzfolien aus Polypropylen, die oft auch für eine breite Verwendung mit einer dünnen Aluminiumschicht versehen sind). Fast alle optischen Gläser lassen infrarotes Licht bis etwa 2,7 µm hindurch. Man nennt die Wellenlänge, bei welcher die Durchlässigkeit eines Materials von 5 mm Schichtdicke um 30% gesunken ist, die Grenzwellenlänge.

Es gibt Stoffe, wie z.b. Germanium, die im sichtbaren Spektralbereich vollkommen lichtundurchlässig sind, jedoch das infrarote Licht in einem weiten Spektralbereich hindurchlassen, wenn auch verhältnismäßig schwach.

Außer der Absorption stört bei Infrarot-Fenstern auch die Reflexion. Diese kann durch dielektrische Mehrfachschichten stark herabgesetzt werden (sogenannte Entspiegelung).

4.5 Absorptionsvorgänge in der Atmosphäre

Bisher wurde die Absorption nur nebenher, gewissermaßen aus technischen Gründen erwähnt. Jetzt sollen ihre Gesetzmäßigkeiten behandelt werden. Dazu ist es notwendig, mit monofrequentem Licht zu arbeiten (d.h. einfarbiges Licht, das eine bestimmte Wellenlänge hat, monochromatisch oder besser monofrequent genannt), sei es im Ultra-violett, im Sichtbaren oder im Infrarot. Wir wollen daher eine monofrequente Strahlung der Wellenlänge λ auf die Oberfläche eines Mediums fallen lassen. Ein bestimmter Bruchteil wird reflektiert. Der Rest, dessen Strahlungsleistung wir nennen wollen, dringt in das Medium ein. Bleibt diese Strahlungsleistung unverändert beim Durchgang, so heißt das Medium durchlässig, im Sichtbaren auch durchsichtig. Nimmt die Strahlungsleistung ab, so kann dies zwei Ursachen haben:

1. Das Licht wird teilweise absorbiert, d.h. verschluckt. Es wird von der Materie in eine andere Energieform umgewandelt, z.B. in längerwelliges Licht (Fluoreszenz) oder in Wärme.

2. Das Licht wird teilweise gestreut, z.B. an Staubteilchen in der Luft. Hierbei wird das Licht von der ursprünglichen Richtung abgelenkt.

Bei den folgenden Betrachtungen soll die Streuung Vernachlässig-
bar klein sein.

Wenn die Fortpflanzungsrichtung der Strahlung etwa die L-Richtung
ist, so nimmt die Strahlungsleistung mit wachsendem L ab. Nennen
wir den Wert der noch vorhandenen Strahlungsleistung an der
Stelle L nunmehr $\phi(L)$, so ist diese an der Stelle L + dL offenbar
d.h. die längenbezogene Abnahme der Strahlungsleistung ist

$$\phi - (d\phi / dL)\, dL \ .$$

Es liegt nahe, diesen Wert proportional dem gerade vorhandenen
Wert der Strahlungsleistung   zu setzen:

$$\frac{d\phi}{dL} = -\alpha\, \phi(L)$$

oder
$$\frac{d\phi}{dL} = -\alpha\, dL$$

Die Integration ergibt sofort $\ln \phi = \ln \phi_0 - \alpha L$

oder $\phi = \phi_0 \exp(-\alpha L)$

Das Lambert´ sche Gesetz. Φ ist also die Strahlungsleistung, die
an der Stelle $l = o$ in das Medium eindringt.

Das Lambert' sche Gesetz besagt, daß in jeder Schicht dl des Materials der gleiche Bruchteil der eindringenden Strahlung verschluckt wird:

α = Absorptionskoeffizient $\alpha(L)\alpha$ [cm^{-1}]

α ist abhängig von der Wellenlänge und der Natur des absorbierenden Mediums, aber nicht von L.

A. Beer (1852) hat den Absorptionskoeffizienten a genauer bestimmt, indem er von dem Gedanken ausging, daß die Absorption längs eines Weges L nur von der Gesamtzahl der im Strahlengang befindlichen absorbierenden Zentren c (bzw. ihr Partialdruck p) abhängt, so ist die Gesamtzahl der absorbierenden Zentren offenbar proportional dem Produkt cl (bzw. pL). So kann das Lambert' sche Gesetz geschrieben werden:

$$\Phi = \Phi \ exp (-acL)$$

Lambert/ Beer' sches Absorptionsgesetz

Nach der zugrunde liegenden Auffassung sollte also für die Absorption gleichgültig sein, ob man kleine Konzentrationen (oder Partialdrucke) und große Schichtdicken oder umgekehrt große Konzentrationen (und Partialdrucke) und kleine Schichtdicken verwendet, wenn nur das Produkt cl (oder pl) den gleichen Wert hat. Streng kann dies offenbar nur gelten, wenn die absorbierenden Zentren gegenseitig keine Wechselwirkung aufeinander ausüben, was man bei kleiner Konzentration (oder kleinem Partialdruck) wohl annehmen kann. Zweifelhaft ist dies aber bei hohen Konzentrationen (Partialdrucken).

Es kann auch vorkommen, daß bei gleichbleibendem Partialdruck (Konzentration) der absorbierenden Zentren auch nichtabsorbierende Fremdstoffe eine störende Einwirkung ausüben; das würde bedeuten, daß die Absorption nicht nur vom Partialdruck (Konzentration), sondern auch vom Gesamtdruck (Gesamtkonzentration) abhängt; auch solche Fälle sind mehrfach festgestellt worden.

Man kann also nur sagen, daß das Lambert-Beer´ sche Gesetz den Charakter eines Grenzgesetzes für kleine Konzentrationen und Partialdrucke hat.

*   Der Absorptionskoeffizient α kann in Abhängigkeit von der Wellenlänge mit einem Spektralphotometer gemessen werden.

**   Die Strahlungsleistung Φ , die eine Lichtquelle in einem bestimmten Raumwinkel verläßt, kann sowohl energetisch (mit einem Thermoelement) als auch visuell (mit dem Auge) gemessen werden. Visuell wird der Lichtstrom Φ in Lumen (lm) gemessen.

Eine international vereinbarte Normallichtquelle von der Lichtstärke 1 Candela sendet in den Raum einen Lichtstrom von 4π lm).
Energetisch wird die Strahlungsleistung Φ in Watt gemessen, d.h. die von einem schwarzen Empfänger zeitlich aufgenommene Strahlungsenergie (Wärme).

Der spektrale Reinabsorptionsgrad α_i (λ) bezogen auf eine bestimmte Wellenlänge λ ist:

$$\alpha_i \, (\lambda) = \frac{(\Phi)_{in} - (\Phi)_{ex}}{(\Phi)_{in}} = 1 - \tau_i \, (\lambda)$$

$(\Phi)_{in}$ = Der eindringende Anteil der Strahlungsleistung

$(\Phi)_{ex}$ = der aus dem Stoff austretende Teil

$\tau_i(\lambda)$ = der spektrale Reintransmissionsgrad

Bei Gasen finden wir vielfach die Absorption auf sehr schmale Wellenlängenbereiche beschränkt. Ein Beispiel dafür sind die Frauenhofer' schen Linien im Sonnenspektrum: Sie sind die infolge von Absorption durch die Dämpfe der Sonnenoberfläche im Sonnenspektrum fehlenden Wellenlängen.

Schließlich eine grundsätzliche Bemerkung: Wir werden im Folgenden sehen, daß es überhaupt keine Stoffe gibt, die nicht in irgendeinem Spektralgebiet Absorption zeigen. Es gibt einige Beziehungen zwischen Reflexion, Brechung und Absorption. Die engen Beziehungen, in denen die Absorption zur Reflexion steht, zeigen sich auch in gewissen quantitativen Verhältnissen, die wir hier zusammenstellen wollen, um sie später zu benutzen.

Nennen wir die Amplitude der einfallenden Welle E_e, die der reflektierten E_r, so ergeben die Freonel'schen Formeln für den Fall senkrechter Inzidenz

$$\frac{E_r}{E_e} = \frac{1 - n}{1 + n}$$

Für absorbierende Stoffe erhält man, indem man die Brechzahl mit Hilfe des Absorptionsindex K komplex ansetzt (die komplexe Brechzahl wird mit η bezeichnet):

$$\eta = \eta \, (1\text{-}ik) = n - ik \quad \text{mit} \quad k = \frac{\alpha\lambda}{4\pi}$$

Die Begründung dafür:

Der imaginäre Teil der komplexen Brechzahl, nämlich k = nK, ist stets für die Absorption verantwortlich, während der rechte Teil n, wie bei durchsichtigen Medien, die Brechungsverhältnisse bestimmt.

Die infrarote Strahlung wurde im Jahre 1800 durch den Musiker und Astronomen F.W. Herschel entdeckt. Er untersuchte die Erwärmung einer geschwärzten Fläche durch die einzelnen Farben im Sonnenspektrum und fand dabei auch eine starke Temperaturerhöhung jenseits des roten Endes, eben im Ultrarot. Im Ultraviolett fand er die Temperaturerwärmung nicht, weil seine Nachweisempfindlichkeit zu gering war.

Das infrarote Licht regt die Atome und Moleküle von Festkörpern, auf die es trifft, zu (Resonanz-)Schwingungen an. Das bedeutet Erwärmung. Die Frequenz des ultravioletten Lichtes ist im allgemeinen zu hoch, um die Schwingungen der Atome anzuregen. Die Absorption ultravioletten Lichtes führt zu anderen Wirkungen (innerer und äußerer Photoeffekt, d.h. Abtrennung von Elektronen, Photochemische Reaktionen, Fluoreszenz). Dabei gibt es auch eine Erwärmung als Sekundärprozeß.

Die Absorption infraroten Lichtes führt fast ausschließlich zur Umwandlung der auffallenden elektromagnetischen Strahlungsenergie in Wärme. Deshalb werden die infraroten Strahlen auch Wärmestrahlen genannt. Dieser Ausdruck ist mit etwas Vorsicht zu gebrauchen, weil nicht nur die infraroten Strahlen eine Erwärmung bei Absorption verursachen.

Er hat sich aber sehr eingebürgert, insbesondere deshalb, weil unsere irdischen Temperaturstrahler (Glühlampe, glühende Kohle, alle Arten von Öfen und Heizungskörper) überwiegend oder ausschließlich infrarote Strahlung aussenden.

Das Spektrum eines glühenden, festen Körpers (Sonne, Glühlampe) hat nur deshalb ein Ende im tiefen Dunkelrot und auf der kurzwelligen Seite im Violett, weil unser Auge nicht imstande ist, das Licht jenseits dieser Grenzen zu sehen. In Wirklichkeit ist das Spektrum an den Seiten nicht begrenzt. Die Grenzen des sichtbaren Lichtes liegen bei etwa 0,4 μm und 0,8 μm. Kürzerwelliges Licht heißt ultraviolett, längerwelliges infrarot (auch ultrarot).

Die Empfindlichkeit des Auges ist für grünes Licht am größten und nimmt nach beiden Enden des sichtbaren Spektrums stark ab. Deshalb ist es überraschend, wenn man zum ersten Mal das Spektrum einer Glühlampe mit einem objektiven, nicht selektiven Strahlungsempfänger aufnimmt: Man stellt fest, daß die Glühlampe im roten Spektralgebiet noch viel stärker strahlt als im grünen und im infraroten Spektralgebiet noch viel stärker als im roten.

Die kurzwellige Grenze des infraroten Lichtes liegt dort, wo die Sichtbarkeit aufhört, also bei etwa 0,8 μm. Eine langwellige scharfe Grenze des infraroten Lichtes gibt es ebenso wenig wie eine kurzwellige Grenze des ultravioletten. Im gesamten elektromagnetischen Spektrum gibt es nur allmähliche Übergänge in der Wechselwirkung zwischen Strahlung und Materie und ebenso Überschneidungen in der Art der Strahlungserzeugung.

So kann man infrarotes Licht zwischen 0,1 und 1 mm Wellenlänge sowohl mit einer Quecksilber-Hochdrucklampe als auch mit Elektronenröhren und Oszillatoren (Submillimeterwellen) erzeugen. An das kurzwellige Ultraviolett schließt sich die weiche Röntgenstrahlung bei etwa 10 nm an. Auch dieser Übergang ist kontinuierlich. Dieses Spektralgebiet (λ = 1 bis 100 nm) ist experimentell schwer zugänglich, ebenso wie das Gebiet von λ = 0,1 bis 1 mm. Das liegt einmal daran, daß es sehr schwer ist, eine intensive Strahlung in diesen Gebieten zu erzeugen, und ferner daran, daß die Strahlung sehr stark von der Materie, auch von Luft, absorbiert wird.

Die international vereinbarten Einheiten für Längenwellen sind:

$1\ \mu m = 10^{-6}\ m$

$1\ nm = 10^{-9}\ m$

Die Frequenzen werden in Hz = s^{-1} angegeben. Häufig ist die Energieskala wichtiger als die Wellenskala, weil sie die Energieverhältnisse übersichtlicher und vergleichbar angibt.

Die Energie elektromagnetischer Strahlung kommt in Quanten der Größe hν vor.

h = Planck-Konstante hν = 6,625 . 10^{-34} Js

ν ist die Frequenz in s^{-1}

Im allgemeinen wird aber die Wellenlänge λ gemessen.

Da die Lichtgeschwindigkeit c = $\lambda\nu$ ist, kann man hν = hc/λ schreiben.

Man erhält somit eine der Energie proportionale Skala, wenn man ∂^{-1} aufträgt.

Man braucht also nur den reziproken Wert der gemessenen Wellenlänge zu bilden.

Es ist üblich, λ^{-1} in der Einheit cm^{-1} anzugeben. Tut man dies auf einer vertikalen Skala, so liegt das ultraviolette Licht oben, das violette darunter, das rote am unteren Ende des sichtbaren Spektrums und darunter das infrarote Licht. Nun versteht man, daß der Ausdruck „infrarotes Licht" dann seine Bedeutung erhält, wenn man die Energie statt der Wellenlänge aufträgt.

Sehr oft wird die Energie des Lichtquants auch in Elektronenvolt (eV) angegeben.

$$1 \text{ eV} = 1{,}60021 . 10^{-19} \text{ J entspricht } 8066 \text{ cm}^{-1} \text{ oder } 1{,}24 \text{ μm.}$$

Zur Absorption der kurz- und langwelligen Strahlung in der Atmosphäre und an der Erdoberfläche

- Die kurzwellige Strahlung wird bei Wellenlängen < 0,3 μm, was ca. der Ultraviolettstrahlung entspricht, in Luftschichten oberhalb 20 km durch Sauerstoff und Ozon vollständig absorbiert und in Wärmeenergie umgewandelt.

- Im langwelligen Spektralbereich > 0,76 μm (Infrarot), insbesondere im Bereich der terrestrischen Strahlung > 3,5 μm absorbieren jedoch Wasserdampf und Kohlendioxid in geringerem Umfang Spurengase.

- Im sichtbaren Spektralbereich (0,36 μm bis 0,76 μm) findet nur eine relativ geringere Strahlungsabsorption durch Wasserdampf und Ozon statt; hier kann die kurzwellige Strahlung fast ungehindert bis zum Erdboden durchdringen und infolge ihrer Absorption den maßgebenden Beitrag zur Erwärmung der Erdoberfläche liefern.

Die Wechselwirkung elektromagnetischer Wellen mit der Materie ist nicht zu vernachlässigen.

Materie kann nach der klassischen Elektronentheorie als System geladener Teilchen betrachtet werden. In einem elektromagnetischen Wechselfeld werden diese zu erzwungenen Schwingungen angeregt.

In Hochfrequenzfeldern, wie die der sichtbaren oder ultravioletten Strahlen, können lediglich Elektronen etwas stärkere erzwungene Schwingungen vollführen. Geladene Teilchen mit großer Masse (Ionen) werden durch die niederfrequenten Infrarotstrahlen zu erzwungenen Schwingungen angeregt.

In einem isotropen Medium ist die Kraft, die von einem elektromagnetischen Feld auf die Ladung q wirkt

$$F = q E + q [\underset{v}{v_1} \, n \, E]$$

wobei v_1 die Geschwindigkeit der Ladung q ist

v   die Phasengeschwindigkeit der Wellen

n   der Einheitsvektor in Fortpflanzungsrichtung der Wellen

$v_1 \ll v$

Die auf geladene Materialteilchen wirkende Kraft wird im wesentlichen durch das elektrische Feld bestimmt, d.h. durch den Vektor E des elektromagnetischen Wellenfeldes. E wird daher auch Lichtvektor genannt.

Die Wechselwirkung zwischen Sonnenstrahlung und Atmosphäre ist sehr wichtig.

Die Strahlung tritt beim Durchgang durch die Erdatmosphäre vielfach mit dieser in Wechselwirkung, wobei sie verschiedene Veränderungen erfahren kann:

- Absorption: Streuung, Diffraktion (Beugung)
- Dispersion: spektrale Zerlegung
- Polarisation: Beeinflussung der Schwingungsebene
- Refraktion: Brechung
- Reflexion

Die Wirkung des Lichtes auf die Materie wurde untersucht und der chemische Einfluß des Lichtes entdeckt.

Das von einem Stoff absorbierte Licht kann in jenem chemische Veränderungen bewirken, die man als photochemische Reaktionen bezeichnet. Nach dem Zerfall befindet sich stets eines der Teilchen im angeregten Zustand; es übernimmt die Energie, die der Differenz zwischen der Energie des absorbierten Lichtes und der Dissoziationsenergie entspricht.

Photodissoziation tritt ein, wenn die Frequenz v des Lichtes der Bedingung

$$v \geq v_0 = \frac{D}{h}$$

genügt.

Dabei ist v_0 die Grenzfrequenz der Photodissoziation

D die Energie der Photodissoziation.

Sie ist weit kleiner als die Dissoziationsenergie des Grundzustandes des Systems.

Als Beispiele für photochemische Reaktionen seien angeführt:

- Die Zersetzung von Kohlendioxid unter Einwirkung von Sonnenlicht

$$2\ CO_2 + 2\ hv \rightarrow 2\ CO + O_2$$

- Die Dissoziation von Chlormolekülen unter Lichteinfluß

$$Cl_2 + hv \rightarrow Cl + Cl$$

mit

hv = Lichtquant

v = Frequenz der Strahlung

h = Planck-Konstante

Infolge des speziellen Relativitätsprinzips kann die Geschwindigkeit der Bewegung eines Elektrons (oder eines anderen geladenen Teilchens, eines Protons, eines Mesons u.a.) die Lichtgeschwindigkeit im Vakuum c nicht übertreffen: $\beta = v/c < 1$. Bei der Bewegung eines Elektrons in einem Medium mit dem Brechungsindex n kann seine Geschwindigkeit v größer sein als die Phasengeschwindigkeit des Lichtes c/n im gegebenen Medium, d.h. c/n < v < c. In diesem Fall beobachtet man eine elektromagnetische Strahlung.

Diese „Überlichtstrahlung" des Elektrons ist das Analogon zur Mach´ schen Stoßwelle, die bei der Bewegung eines Körpers auftritt, dessen Geschwindigkeit größer als die Phasengeschwindigkeit der elastischen Wellen in dem gegebenen Medium ist.

Die Absorption von Schallwellen spielt in der modernen Welt eine zunehmende Rolle. Die Ausbreitung von Schallwellen ist von einer Dissipation der Energie begleitet, die durch die innere Reibung und die Wärmeleitfähigkeit des Mediums bedingt ist. Diese Erscheinung heißt Absorption von Schallwellen. Die Amplitude a und die Intensität I einer ebenen Welle, die sich längs der positiven z-Achse ausbreitet, hängt in exponentieller Form von der Koordinate z ab.

$$a(z) = a_0 \exp(-\gamma z)$$

$$I(z) = I_0 \exp(-2 \gamma z)$$

wobei a_0 und I_0 die Amplitude und die Intensität im Punkt z = o sind.

γ heißt Absorptionskoeffizient. Für Longitudinalwellen in Gasen und Flüssigkeiten gilt

$$\gamma = \omega^2 / 2\rho c^3 \left[4/3 \, \eta + \xi + K \cdot c_p - c_v / c_p c_v \right];$$

dabei ist

ω die Kreisfrequenz

c   die Geschwindigkeit der Welle

      die Dichte des Mediums

n   die dynamische Viskosität des Mediums

ξ die Volumenviskosität

K   der Koeffizient der Wärmeleitfähigkeit

c_p spezifische Wärme des Mediums für isobare Prozesse

c_v spezifische Wärme des Mediums für isochore Prozesse

Die genannten Beziehungen gelten unter der Bedingung

$$\gamma c / \omega \ll 1$$

d.h. bei relativ kleiner Verringerung der Wellenamplitude über Abstände, die gleich einer Wellenlänge sind.

Es gibt ein Phänomene, das man als Stoßwellen in Gasen bezeichnen kann. Unter einer Stoßwelle versteht man die Fortpflanzung einer Unstetigkeitsfläche in einem gasförmigen Körper, an der eine sprunghafte Druckerhöhung stattfindet, verbunden mit einer Änderung der Temperatur, der Dichte und der Geschwindigkeit des Mediums.

Eine Stoßwelle entsteht z.B. bei einer Explosion, einer Detonation, bei der Bewegung eines Körpers in Luft mit Ultraschallgeschwindigkeit u.ä. Die Ausbreitungsgeschwindigkeit der Stoßwelle relativ zu einem ruhenden Medium ist größer als die Schallgeschwindigkeit in diesem Medium.

-   Da die Luft ein kompressibles Medium ist, wird eine bestimmte Luftmenge ihr Volumen ändern, wenn sie unter anderen Druck gebracht wird. Zu dieser Volumenänderung ist Arbeit erforderlich.
-   Da sich in der Atmosphäre der Luftdruck mit der Höhe stark ändert, wird ein Luftquantum, das - aus welchen Gründen auch immer - vertikal bewegt wird, eine individuelle Temperaturveränderung erfahren; es wird sich bei Aufsteigen abkühlen, bei Absinken erwärmen.

Die Terrestrische Strahlung ist wichtig für das Leben. Unter terrestrischer Strahlung versteht man die von der Erde selbst ausgehende thermische Strahlung. Für die Mitteltemperatur der Erde (in Bodennähe) von Tm = 288,15 K (U.S. Standard Atmosphere 1962) errechnet sich:

- aus dem Stefan- Bolzmann- Gesetz
  als global gemittelte thermische Emission der Erdoberfläche
- aus dem Wien´ schen Verschiebungsgesetz
  als Wellenlänge des spektralen Maximums dieser Emission
  λ_{max} = 10,06 µm

Die tatsächliche Ausstrahlung zu einem Zeitpunkt an einem Ort richtet sich selbstverständlich nach der jeweils aktuellen Temperatur.

Breitenzone	Geogr. Breite	Temperatur K	λ_{max} [µm]	E [W/m^2]
Tropen	15° N	299,65	9,67	457,1
Subtropen	30° N Jan.	287,15	10,09	385,5
	30° N Juli	301,15	9,62	466,3
Mittlere	45° N Jan.	272,15	10,65	311,0
Breiten	45° N Juli	294,15	9,85	424,5
Subarktis	60° N Jan.	257,15	11,27	247,9
	60° N Juli	287,15	10,09	385,5
Arktis	75° N Jan.	249,15	11,63	218,5
	75° N Juli	278,15	10,42	339,4
T_{min} (-90°C,	Antarktis	183	15,80	63,6
T_{max} (+60°C,	Sahara	333	8,70	697,2
T_{min}, Ozean	(-2°C)	271,2	10,7	306,7
T_{max}, Ozean	(+35°C)	308,2	9,4	511,6

Tab. 7:   Beträge der thermischen Emission E [W/m^2] und die Wellenlänge der maximalen Emission λ_{max} [µm], berechnet für die Lufttemperatur [K] (in 2 m Höhe) einiger Standardatmosphären sowie einiger Extremwerte.

5. Darstellung der im Modell verwendeten Physik und dessen Parametrisierung

5.1 Darstellung des Modells

Der erste Schritt bei der Durchführung eines Modellexperiments ist die Untersuchung der Gültigkeit des Modells, die Validation; diese zeigt auch, wie weit das Modell zum Verständnis der Atmosphäre beiträgt. So wird versucht, den Zustand der Atmosphäre, d.h. die gegenwärtige klimatische Situation, möglichst gut zu simulieren. Ist die Modellvalidation befriedigend abgeschlossen, so bieten sich zwei Möglichkeiten, das Modell einzusetzen.

Der erste Weg ist eine relevante Einflußgröße, z.B. die Konzentration des Kohlendioxids in der Atmosphäre, einmalig zu ändern und dann das Modell so lange laufen zu lassen, bis ein neuer Gleichgewichtszustand erreicht ist. Die Alternative zu diesem Vorgehen besteht darin, die interessierende Einflußgröße z.B. die atmosphärische Kohlendioxidkonzentration, stetig bzw. in sehr kleinen Zeitschritten zu ändern und das Klimasignal, d.h. die Differenz zwischen Ausgangszustand und dem späteren Zustand, jetzt als Funktion der Zeit zu studieren. Für die praktische Konstruktion des Modells wird die Atmosphäre horizontal in ein "möglichst" engmaschiges Netz von Gitterzellen oder Gitterpunkten und vertikal in "möglichst" viele in sich als homogen angenommene Schichten diskretisiert. Die Grenzen der räumlichen Auflösung liegen zur Zeit bei horizontalen Gitterweiten von wenigen hundert Kilometern bei etwa 20 Schichten.

Die Zeitschritte bei der numerischen Integration der Differentialgleichungen müssen so klein gewählt werden, daß Lösungsinstabilitäten vermieden werden.

Die Ausbreitung atmosphärischer Ereignisse von einem Gitterpunkt zum nächste sollte nicht in kürzerer Zeit geschehen als der Länge der Integrationszeitschritte. In der Praxis werden zeitliche Integrationsschritte in der Größenordnung einer Stunde gewählt. Das Modell muß offensichtlich einen Kompromiß zwischen der Schnelligkeit und der Speicherkapazität der eingesetzten Rechner einerseits und der zeitlichen und räumlichen Auflösung sowie die Zahl der berechenbaren Modellvariablen (Temperatur, Druckverteilung, Luftfeuchtigkeit, Bedeckungsgrad, Niederschlag u.a.) andererseits bilden.

Das Modell stellt eine Grundversion dar, in der nur die atmosphärischen Variablen berechnet werden und die Einflüsse der Weltmeere (oder auch die Einflüsse der großen Eismassen) nicht berücksichtigt werden. Für ein genaues und auch akzeptables Berechnungsmodell ist es wünschenswert, wenn nicht sogar notwendig, die Rückwirkungen von Änderungen in der Atmosphäre auf die Ozeane und umgekehrt in das Modell mit einzubeziehen.

Das Prinzip des Modells ist die numerische Lösung von Gleichungen zur Berechnung der Absorption elektromagnetischer Wellen in der Atmosphäre unter geeigneter Parametrisierung oder Modellierung verschiedener Einflußgrößen (kurz dargelegt). Wir wollen einige weitere Einzelheiten behandeln und dabei zwei besonders wichtige Punkte anschneiden, die wieder eine gewisse

111

Hierarchie innerhalb des Modells begründen. Das sind die Berücksichtigung der Wechselwirkung zwischen Atmosphäre und Ozean und die Nutzung des Modells als zeitunabhängig (die Gleichungen sind natürlich zeitabhängig). Die Atmosphäre ist sehr komplex.

Für eine Beschreibung und damit auch für eine Prognose eventueller Änderungen sind wir deshalb auf Modelle angewiesen, die gezielt versuchen, einen gewissen Satz atmosphärischer Variablen wie z.B. Temperatur, Luftfeuchte, Niederschlag möglichst gut, d.h. möglichst weitgehend den empirischen Befunden entsprechend, zu reproduzieren und - im zweiten Schritt - Änderungen dieser Variablen bei einer Variation der Ausgangsparameter wie z.B. der Einstrahlung von der Sonne, der Konzentration von Spurengasen vorherzusagen.

Wir wollen in diesem Abschnitt zunächst einen gewissen Überblick über das Absorptionsmodell in diesem Sinn geben. Wenn überhaupt, so sind nur einige der Modelle in der Lage, klimatische Änderungen in detaillierter Form zu prognostizieren. Wir werden deshalb im zweiten Teil dieses Abschnitts Modelle dieser Art, die unter dem Aspekt der Vorhersage von Klimaänderungen bei einem Anstieg der Kohnendioxidkonzentration entwickelt wurden, eingehender besprechen. Der Ozean tritt als äußerer Parameter auf.

5.2 Mikroskopische Beschreibung der Absorption

Wir betrachten als Modell einen aus einer vorgegebenen Richtung kommenden Lichtstrahl der Wellenlänge λ und der Intensität (= Energieflußdichte) F_λ sowie ein in der Strahlungsrichtung orientiertes Volumenelement

$$dV = A. ds$$

mit dem Querschnitt A und der Länge ds.
Trifft nun der Lichtstrahl auf das Volumenelement, so sind zwei Erscheinungen zu beobachten:
* Bewegung (d.h. Änderung der Ausbreitungsrichtung)
* Absorption: Die Intensität des Strahles in dem
  Volumenelement (der austretende Strahl wird um $dF_{e,\lambda}$ geringer)
  Das bedeutet, daß die Energie der Strahlung in andere
  Energieformen transportiert wird.

Die Absorption kann durch den Ansatz

$$dF_\lambda = -K_{a,\lambda} . F_\lambda .l. ds$$

Beschrieben werden. Dabei ist
$K_{a,\lambda}$ der absorptionskoeffizient (m-1)
λ die Wellenlänge

Zu einer mikroskopischen Beschreibung der Absorption kommt man durch folgende Überlegungen: Die gesamte in dem Volumen $dV = A.ds$ absorbierte Strahlungsenergie Division ergibt:

$$d\phi_\lambda = -F_\lambda. \ \sigma_{a,\lambda} \ .N.dv$$

F_λ eingestrahlte Energieflußdichte
$\sigma_{a,\lambda}$ Absorptionswirkungsquerschnitt
N   Anzahl der Absorptionszentren in dem Volumen dV

$$d\phi_{a,\lambda} = -F_{a,\lambda}. \ .N. \ A. \ ds$$

Division durch den Querschnitt A des betrachteten Volumens ergibt

$$d\phi_{a,\lambda} \ / A = -F. \ \lambda. \ \sigma_{a,\lambda} \ N. \ ds = dF_\lambda$$

Der Vergleich mit dem ersten Ansatz für dF zeigt:

$$K_{a,\lambda} = \sigma_{a,\lambda} \ .N$$

Der makroskopische Absorptionskoeffizient ist also das Produkt aus der Anzahldichte der Absorptionszentren und dem mikroskopischen Absorptionswirkungsquerschnitt des einzelnen Zentrums.

Daraus folgt die Beziehung

$$d\phi_\lambda = K_{a,\lambda} \ F_\lambda \ .dV$$

Grundgleichungssystem einige Modelle mit Parametrisierung

Der einfachste Modelltyp ist das Energiebilanzmodell (EBM)

Beschreibung: Die Gleichung $\quad S_e = \dfrac{d\,T_s}{d\,t} \cdot c_s + H + F_n$

T_s = Erdoberfläche Temperatur

C_s = Zahl, die die Wärmekapazität der Erdoberfläche parametriert

[Energie pro Flächen- und pro Temperatureinheit]

S_e = solare Einstrahlung

H = nichtradiativer Energiefluß (H > o)

H ist positiv zu rechnen, wenn er von der Erdoberfläche

wegführt

F_n = $F_\uparrow - F_\downarrow$

Der Nettofluß der terrestrischen Strahlung

$F_\uparrow = \varepsilon \cdot \sigma \cdot T_s^4$ $\qquad$ (Boltzmann)

$S_e - H - Fn = o$

$S_e - H = 0{,}21 \cdot S_0$

mit S'= 342 w/m^2

mittlere Einstrahlung von der Sonne.

$\dfrac{F_\uparrow}{F_\downarrow} = \dfrac{109}{88}$

Daraus erhalten wir

$F_n \quad = F_\uparrow \cdot (1 - \dfrac{88}{109}) \quad = \quad 0.193 \cdot F_\uparrow \quad = 0.193 \cdot \varepsilon \cdot \sigma \cdot T_s^4$

und weiter

$\qquad 0.21 \cdot S = 0.193 \cdot \varepsilon\ \sigma \cdot T_s^4$

Für $\varepsilon = 0.95$ $\qquad$ T = 288 K bzw. T = 15° C

die tatsächliche mittlere Oberflächentemperatur der Erde.

Das Modell ist nur anwendbar, wenn man entweder horizontale Energieflüsse vernachlässigt oder wenn man sich auf globale Mittelwerte beschränkt. In der realen irdischen Atmosphäre ist die erste Alternative in der Regel nicht zulässig.

Will man sich nicht auf globale Mittel beschränken, so ist es deshalb naheliegend, die Ansätze zu eindimensionalen (oder sogar zweidimensionalen) Modellen zu erweitern, in der Form, daß man horizontale Energieflüsse in Rechnung stellt, dann erhält man:

$$\frac{dT_s}{dt} \cdot c_s = S_e - H - F_n - \text{div } W$$

im stationären Fall

$$S_e - H - F_n - \text{div } W = o$$

Die klassische Form dieser Energiebilanzmodelle in eindimensionaler Form mit Einbeziehung meridionaler Energieflüsse, aber mit zonaler Mittelung, geht auf BUDYKO (1969) und auf SELLERS (1969) zurück, die unabhängig voneinander mit etwas unterschiedlicher Parametrisierung der meridionalen Flüsse solche Modelle entwickelt haben.

* Durch geeignete Parametrisierung lassen sich weitere Bestimmungsgrößen und sogar Wechselwirkungs- und Rückkopplungsbeziehungen in die Modelle einbauen.

* Das Ziel dieser Modelle ist die Berechnung des vertikalen Temperaturprofils der Atmosphäre einschließlich der bodennahen Temperaturen.
Das Modell ist im Prinzip ein eindimensionales vertikales Modell.

* Ihr Vorteil liegt darin, daß sie eine relativ einfache Abschätzung der Wirkungen erlauben, die z.B. durch Variation der Spurenstoffkonzentrationen in verschiedenen Höhen oder durch sonstige variierende Einflüsse hervorgerufen werden.

* Ihr Nachteil ist die Beschränkung auf eine Dimension, auf die Vertikale, die eigentlich nur die Berechnung globaler oder hemisphärischer Mittelwerte erlaubt.

Die Energiebilanz für jede Höhenstufe in einem vertikalen Modell ergibt sich aus dem Zufluß und Abfluß von Energie durch solare Strahlung, durch terrestrische Infrarotstrahlung und durch nicht radiativen diffusen Transport.

Schreiben wir diesen Sachverhalt als Gleichung und berücksichtigen dabei, daß die Energieänderung pro Volumeneinheit durch die Divergenz der Flußdichten bestimmt ist, so erhalten wir für den zeitabhängigen Fall

$$c_p \cdot \rho \cdot \frac{dT}{dt} = -\frac{d}{dz}(S + F_n + H)$$

und für den stationären Fall

$$\frac{d}{dz}(S + F_n + H) = 0$$

wobei S die solare Strahlungsflußdichte

Fn die terrestrische Nettostrahlungsflußdichte

H die konvektive oder allgemeiner nichtradiative Wärmeflußdichte

Für den stationären Fall kann man hierfür auch sofort das Integral

$$S + F_n + H = 0$$

hinschreiben.

Die gewünschte Information über die Temperatur ist auch hier in der Temperaturabhängigkeit der terrestrischen Flüsse enthalten.

Diese terrestrischen Strahlungsflüsse und ebenso die solaren Energieflüsse können bei Kenntnis der chemischen Zusammensetzung der Atmosphäre ohne allzu große Schwierigkeiten berechnet werden.

* Das bisher diskutierte Modell weist wichtige Vorteile auf: Es ist gut überschaubar, die Aussagen und Schlußfolgerungen sind meteorologisch-physikalisch meist interpretierbar, und es ist - nicht zuletzt - rechnerisch wenig aufwendig.

* Auf der anderen Seite ist es aber sehr grundsätzlichen Entscheidungen unterworfen: Es erlaubt kaum eine regionale Differenzierung. Die ganze atmosphärische Dynamik kann in diese Modelle nicht eingebaut werden.

* Damit wird es unmöglich, Wechselwirkungen zwischen der Dynamik, die sich z.b. in den atmosphärischen Zirkulationen widerspiegelt, und der Energetik und dem Strahlungshaushalt in dem Modell selbst zu berechnen.

* Diese Gleichungen sind zum Teil nichtlineare Differentialgleichungen; das bedeutet einmal, daß ihre zeitliche Reichweite wegen der möglichen Instabilität der Lösungen beschränkt sein kann, wenn ihre Parameter nicht sehr sorgfältig ausgewählt werden; das bedeutet aber auch, daß Lösungen dieser Gleichungen nur numerisch möglich sind. Damit geht auch meist die gute Überschaubarkeit verloren; die Ergebnisse sind oft nicht einfach interpretierbar.

Man sollte nicht den Ozean als nasse Oberfläche parametrisieren, die den Energiehaushalt nicht beeinflußt.

Die Wärmekapazität des Ozeans wird nicht berücksichtigt; die Oberflächentemperatur des Wassers wird jeweils an die sich aus der Modellrechnung ergebende Temperatur der untersten Luftschicht angeglichen.

Die Wärmekapazität des Ozeans spielt eine wichtige Rolle für die jahreszeitlichen Zyklen der Lufttemperatur.

Die Schwächung der Strahlung durch die Absorption wird durch das Lambert- Bougner- Gesetz im englischen „Beer's Law" beschrieben.

$$I_\lambda = I_{0,\lambda} \exp\left(- \int a_\lambda \cdot \rho \cdot dz\right)$$

mit

I_λ = Strahldichte an der Schichtuntergrenze

$I_{0,\lambda}$ = Strahldichte an der Obergrenze der Schicht

a_λ = spektraler Absorptionskoeffizient

ρ = Dichte des absorbierenden Mediums

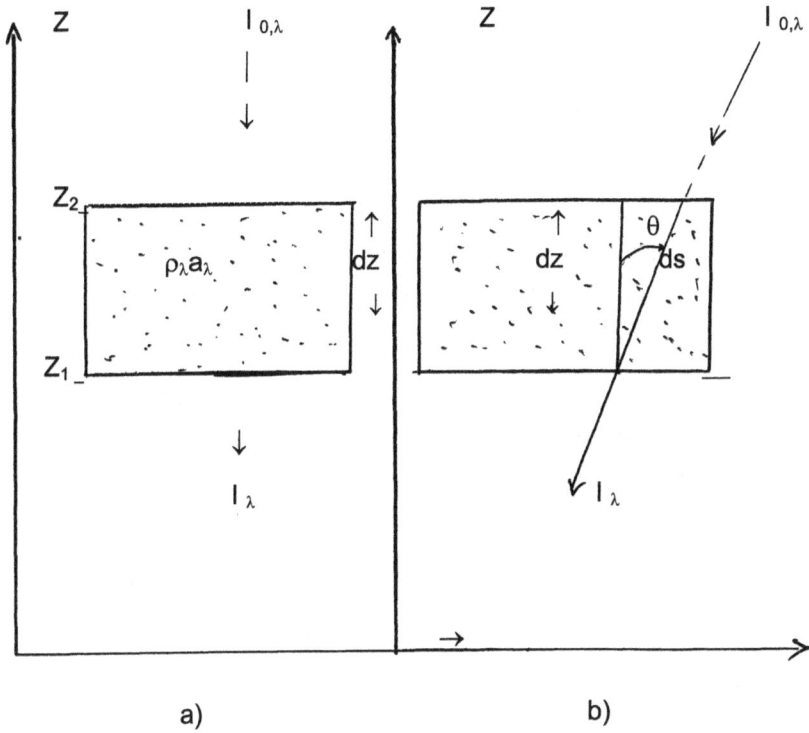

Abb. 6: Sonnenstrahlung

a) bei senkrechtem Einfall $\Theta = 0$

b) bei schrägem Einfall Θ = Zenitwinkel der Einfallsrichtung

a) $I_\lambda = I_{0,\lambda} \exp \left(- \int_{z_1}^{z_2} a_\lambda \cdot \rho \cdot dz \right)$

b) $I_\lambda = I_{0,\lambda} \exp \left(- \int_{z_2}^{z_1} a_\lambda \cdot \rho \cdot ds \right)$

mit $\cos \theta = - dz / ds$, d.h $ds = - dz / \cos \theta$

*Minuszeichen, weil ds und dz entgegengesetzte Richtungen haben
** Die positive Richtung von z weist nach oben
** Die Strahlung wird auf die Erdoberfläche gerichtet.

Unter der Annahme, daß in einer durchstrahlten dünnen Schicht die längs verschiedener Wege aufsummierten Massen sich zueinander verhalten wie die Weglängen, erhalten wir

$$\frac{m}{m} = - \frac{ds}{dz} = \frac{\int \rho . ds}{\int \rho . dz} = m_r$$

wobei m_r die „relative Masse", d.h. die schräg durchstrahlte Masse im Verhältnis zur senkrechten Durchstrahlung ist.

Daraus folgt $ds = - dz / \cos \theta$ auch $ds = - m \, dz$

so folgt, daß $m_r = 1 / \cos \theta$ ist.

Das heißt für eine ungekrümmte, horizontal geschichtete Atmosphäre ist $1 / \cos \theta$
(der Secans des Zenitwinkels der einfallenden Strahlung) ein Maß für die durchstrahlte Luftmasse.

Unter realen Bedingungen haben wir es zwar mit einer gekrümmten Atmosphäre zu tun, doch ist diese Näherung erfahrungsgemäß ausreichend bis etwa $\theta = 60°$, bei $\theta = 80°$ erreicht der Fehler lediglich 3%.

Tab. 8   Dichte von Elementen

von Gasen	von Flüssigkeiten	Von festen Körpern
in mg/cm³ bei 760 Torr bei 0°C	in g/cm³ bei 1013,25 hPa bei 18°C	In g/cm³ Bei 18°C
Wasserstoff 0,0899		Holz 0,4-1,2
Stickstoff 1,2510	Wasser 0,998	Knochen 1,7-2,0
Luft 1,293		Aluminium 2,7
Sauerstoff 1,429		Stahl 7,7
CO_2 1,977	Quecksilber 13,547	Platin 21,4

Die Dichte ist die Masse eines Stoffes pro Volumeneinheit. Einheit: kg/m^3 oder g/cm^3. Die Dichte nimmt meist mit steigender Temperatur ab.

5.3 Anthropogene Zunahme von Spurengasen und Aerosolen, die den Spurenstoff- und Strahlungshaushalt der Atmosphäre verändern

Auf dem Weg durch die Lufthülle der Erde werden nach neueren Berechnungen (aufgrund von Satellitenmessungen)

*   30 % der Sonnenstrahlung infolge Reflexion und Streuung in der Atmosphäre und am Erdboden wieder in den Weltraum zurückgestrahlt (Erdalbedo)
*   20% werden von der Atmosphäre absorbiert
*   50% der Sonnenstrahlung, die die Erdoberfläche empfängt, in Wärme umgewandelt.

Der Ausgleich des effektiven Energiegewinns der Erdoberfläche und des effektiven Energieverlusts der Atmosphäre wird durch die turbulenten Flüsse fühlbarer Wärme (Konvektion) und latenter Wärme (Verdunstung) herbeigeführt.

Es herrscht für das System Erde - Atmosphäre ein Strahlungsgleichgewicht. Die industriellen Abgase (besonders SO_2, Schwefeldioxid), die Autoabgasen (Stickstoffdioxid) NO_2, CH_4, N_2O und Ozon aus der Chemie verschmutzten die Atmosphäre von Großstädten. Über Großstädten und Industriegebieten gibt es Luftbeimengungen (als gasförmige, flüssige und feste Verunreinigungen). Diese Beimengungen treten wegen relativ großen Gewichts nur in den bodennahen Luftschichten auf.

Für viele Wettererscheinungen (z.B. Bildung von Nebel, Dunst, Wolken) spielen diese Fremdkörper der Luft zusammen mit dem Wasserdampf eine Rolle; sie beeinflussen den Strahlungs- und Wärmehaushalt der Atmosphäre durch Absorption.

Die Absorption hat neben einer Schwächung der Sonnenstrahlung die mehr oder weniger vollständige Auslöschung gewisser Spektralbereiche zur Folge. Das Spektrum der in der unteren Atmosphäre eintreffenden Sonnenstrahlung bricht bei etwa 0,3μm infolge von Absorptionsvorgängen in den hohen Luftschichten, an denen auch maßgeblich das Ozon beteiligt ist, ab; nach langen Wellen hin ist es oberhalb 3,0 μm vor allem infolge starker Absorption durch Wasserdampf begrenzt.

Aus der unterschiedlichen Verteilung der Wärme auf der Erde und der sich daraus ergebenden Luftdruckverteilung folgen Luftströmungen, die unter der Einwirkung der Erdrotation zu einer komplizierten atmosphärischen Zirkulation führen. Der Motor dieser Zirkulation ist die Energie der Sonnenstrahlung.

Literatur

Atlas, D.	Radar in Meteorology American Meteorological Society, Boston (1989)
Battan, L.	Radarobservations of the atmosphere University of Chicago Press (1981)
Budyko, M.	The effect of solar radiation variations on the climat of earth (1969)
Coulson, K.L.	Solar and terrestrial radiation New York / London (1975)
Fortak, H. Goody, R.M.	Meteorologie- Eine Einführung (1971) Atmospheric radiation Oxford, The Clarendon Press (1964)
Gossard, E & Hooke,W.H	Atmospheric Infrasound and gravity Wawes their generation and Propagation. Elsevier Scientific Publ. Comp. Amsterdam, Oxford, New York (1975)
Iqbal, M.	An Introduction to solar radiation Academic Press, Toronto (1983)
Kondretyev Kya	Radiation in the Atmosphere Academic Press, New York (1969)
Liljequist, G.H.	Allgemeine Meteorologie Vieweg, Braunschweig (1974)
Möller, F.	Einführung in die Meteorologie Band I und II B I Wissenschaftsverlag (1973)
Pichler, H.	Dynamik der Atmosphäre B I Wissenschaftsverlag (1984)
Robinson, N.	Solar radiation Elsevier, Amsterdam (1966)

x 100000 cal/cm^2 . Jahr

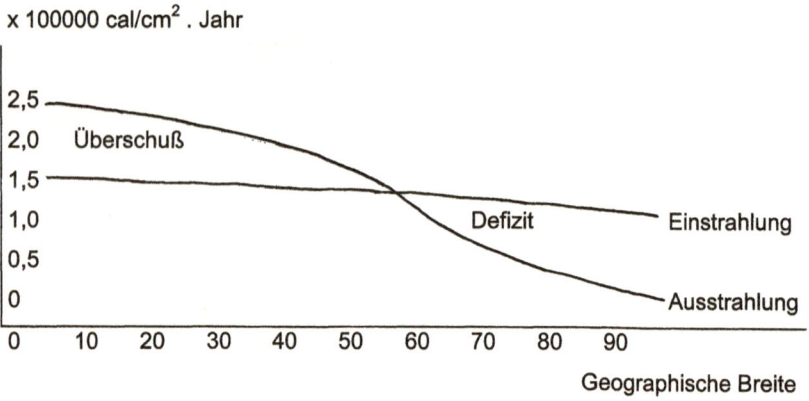

Abb.7:   **Breitenabhängige Wärmebilanz**

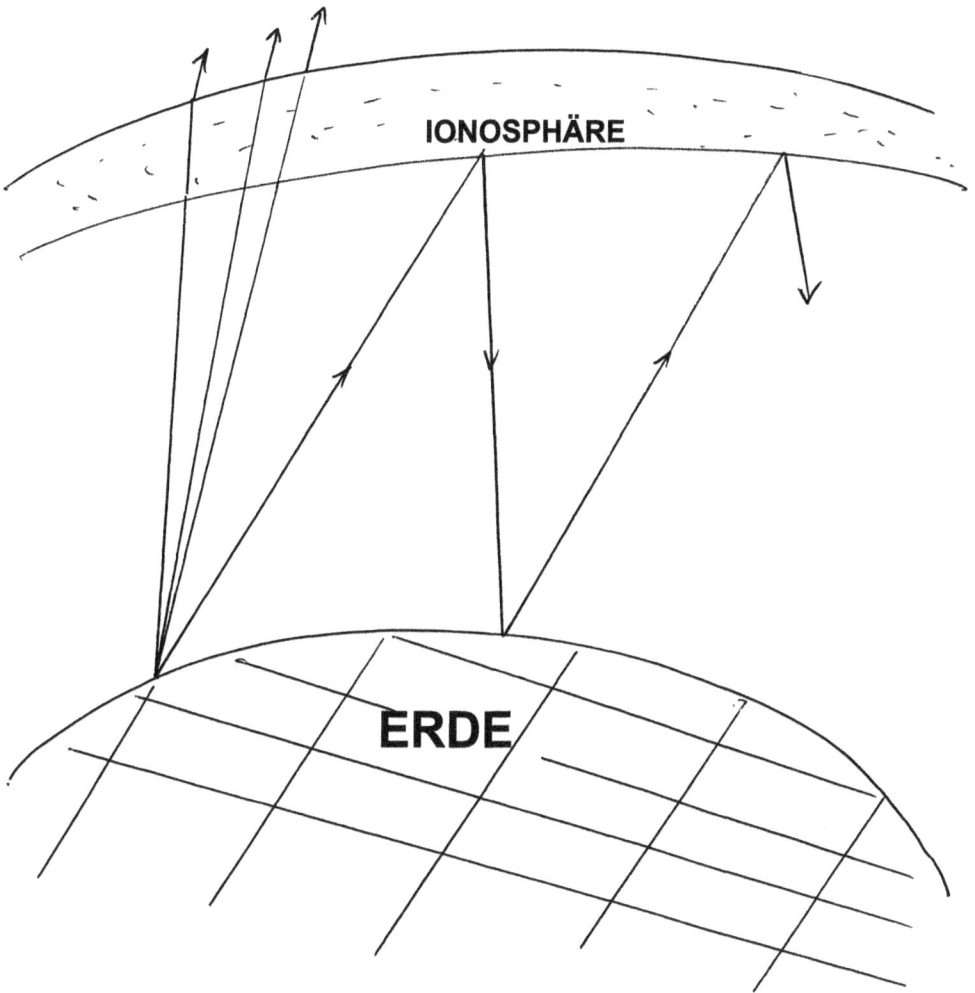

Abb.8: **Radiowellenausbreitung in der Atmosphäre**

Höhe [km]

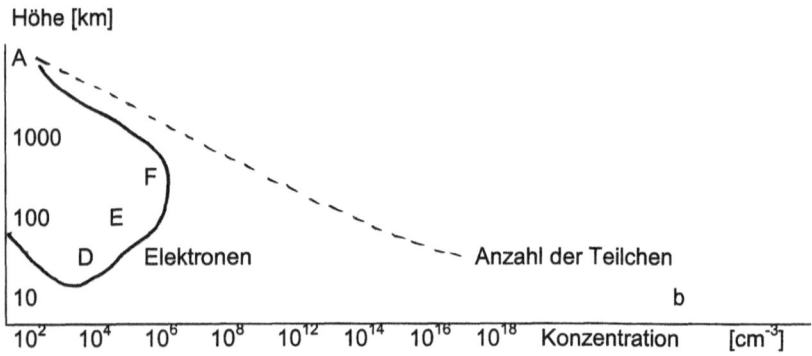

Abb.9: **Vertikalverteilung der Konzentration von Luftmolekülen**

a) Elektronen [Anzahl pro cm^{-3}]
b) Teilchenzahl pro cm^{-3} Nach Wallace et Hobbs 1977

www.ingramcontent.com/pod-product-compliance
Lightning Source LLC
Chambersburg PA
CBHW020838210326
41598CB00019B/1944